／张华夏科学哲学著译系列／　任远 编

技术解释研究

张华夏　张志林◎著

中国社会科学出版社

图书在版编目(CIP)数据

技术解释研究/张华夏,张志林著.—北京:中国社会科学出版社,2020.7
(张华夏科学哲学著译系列)
ISBN 978-7-5203-6754-7

Ⅰ.①技⋯ Ⅱ.①张⋯②张⋯ Ⅲ.①技术哲学—研究 Ⅳ.①N02

中国版本图书馆 CIP 数据核字(2020)第 117721 号

出 版 人	赵剑英
责任编辑	孙 萍
责任校对	夏慧萍
责任印制	王 超

出 版	中国社会科学出版社
社 址	北京鼓楼西大街甲 158 号
邮 编	100720
网 址	http://www.csspw.cn
发 行 部	010-84083685
门 市 部	010-84029450
经 销	新华书店及其他书店

印刷装订	北京君升印刷有限公司
版 次	2020 年 7 月第 1 版
印 次	2020 年 7 月第 1 次印刷

开 本	710×1000 1/16
印 张	16.25
字 数	227 千字
定 价	89.00 元

出版前言

张华夏先生（1932年12月—2019年11月），广东东莞人，中国著名哲学家，曾先后长期执教于华中科技大学和中山大学，在自然辩证法和科学技术哲学等领域取得了杰出成就。

2018年春，中山大学哲学系有感于学人著作系统蒐集不易，由张华夏先生本人从其出版的二十部著译中挑选出六部代表性作品，交由中国社会科学出版社另行刊布。这六部作品是：卷一《系统观念与哲学探索：一种系统主义哲学体系的建构与批评》（张志林、张华夏主编）、卷二《技术解释研究》（张华夏、张志林著）、卷三《现代科学与伦理世界：道德哲学的探索与反思》（张华夏著）、卷四《科学的结构：后逻辑经验主义的科学哲学探索》（张华夏著）、卷五《科学哲学导论》（卡尔纳普原著，张华夏、李平译）、卷六《自然科学的哲学》（译著，亨普尔原著，另由中国人民大学出版社再版）。其中两部译著初版于20世纪80年代，影响一时广布。四部专著皆为张华夏先生从中山大学退休后总结毕生所学而又别开生面之著作，备受学界瞩目。此次再刊，张华夏先生对卷一内容稍加订正，对卷四增补近年研究成果，其余各卷内容未加改动。张华夏先生并于2018年夏口述及逐句订正了《我的哲学思想和研究背景——张华夏教授访谈录》，交由文集编者，总结其学术思想与平生遭际，置于此系列卷首代序。

这六部著译，初版或再版时由不同出版社刊行，编辑格式体例不一，引用、译名及文字亦时有漏讹。此次重刊由编者统一体例并校订。若仍有错失之处当由编者负责。

　　2019 年 11 月，先生罹疾驾鹤西去而文集刊行未克功成。诚不惜哉！愿以此文集出版告慰先生之灵。

编者
2020 年 5 月

目　　录

第一章

基于科技划界的技术哲学研究纲领

如果说作为独立哲学学科的科学哲学已有半个多世纪的历史，那么技术哲学作为一门独立学科只是正在形成。对于这门新学科的性质及其存在条件的认识，依赖于我们对科学与技术的区别和关系作何理解。如果我们将技术理解为应用科学或科学的应用，则对技术的哲学分析就可以纳入对科学进行哲学分析的范围，这就使得技术哲学被看作是科学哲学以及科学伦理学的组成部分。但到 20 世纪末，人们逐渐抛弃了 50 年代和 60 年代科学社会学界所持有的根深蒂固的科学→技术→经济发展的线性模式，主张技术有自己的独立范畴和独立规律，承认技术有自己特殊的本体论地位。这就为技术哲学这门学科的建立铺平了道路。因此，如何正确地分析和理解科学与技术的区别及其相互关系，不仅是技术哲学的主要内容之一，而且是技术哲学成为独立学科的前提条件。本书正是本着这种认识来研究科学与技术的区别和联系这一基本特征，以及它们的共生与发展的基本模式，并立足于这个基点，提出一种初步的技术哲学研究纲领。

一　从科学与技术的区别看技术哲学

什么是科学呢？参照科学社会学家、科学学创始人贝尔纳（J. D. Bernal）的定义，我们可以将科学理解为一种特殊的知识体系、一种特殊的社会活动和一种特殊的社会建制。① 这种特殊的知识体系，指的是关于客观世界（非生命世界与生命世界、自然界与社会等）的事实及其规律的概括性和系统性的知识体系；这种特殊的社会活动，指的是科学工作者们为了追求真理，采取经验理性的方法（即实验的和逻辑的方法）进行的社会性的科学研究活动；这种特殊的社会建制指的是科学研究的活动是在正式的与非正式的科学社团中进行的；这种科学社团或科学共同体有特定的行为准则和行为规范。简言之，科学乃是科学共同体采取经验理性的方法而获得的有关自然界与社会的规律性和系统化的知识体系。为了这个目的的活动叫作科学活动。这个定义也许能够将科学知识与人类的其他知识，如宗教知识、伦理知识与技术知识区分开来，将科学活动与人类的其他活动，如与政治活动、宗教活动、技术活动和经济活动区分开来。

什么是技术？技术也是一种特殊的知识体系，一种由特殊的社会共同体组织进行的特殊的社会活动。不过技术这种知识体系指的是设计、制造、调整、运作和监控各种人工事物与人工过程的知识、方法与技能的体系。有时人们将各种人工的制品也列入技术的范畴，那是因为这些人工制品，如生产的设备和科学的仪器被看作是物化了的知识或知识的（非语言的）物质的表达，而技术这种活动指的是技术专业共同体的人们进行的设计、计划、试制、检验和监测各种人工系统的活动。② 这样我们将技术看作达到某种实际目

①　贝尔纳（Bernal，J. D.）说："科学可以看作是一种社会建制；一种研究方法；一种知识的积累性传统；一种维持和发展生产的主要因素以及一种对人们有关宇宙的信念和态度的形成最有影响的力量。"（Bernal J. D.，*Science in History*. London：C. A. Watts and Co. Ltd.，1954，pp. 5 - 6）贝尔纳这里谈到的科学的五个特征中，后面两条指的是科学的外部影响。笔者将他所谈到的科学内部特征做了重新表述。

②　邦格（M. Bunge）邦格给技术下了一个这样的定义："技术可以看作是关于人工事物的科学研究，或者等价地说，技术就是研究与开发（R&D）。如果你愿意，技术可以被看作是关于设计人工事物，以及在科学知识指导下计划对人工事物实施操作、调整、维持和监控的知识领域。"Bunge M.，*Treatise on Basis Philosophy*，Vol. 7，*Philosophy of Science and Technology*，Part Ⅱ. D. Reidel Publishing Company，1985，p. 231.

的，在实践中组织起来并加以具体化的智能手段。

这样看来，科学与技术至少在目的、对象、语词与社会规范上有着基本的区别。

（1）科学的目的与技术的目的不同。科学的目的与价值在于探求真理，弄清自然界或现实世界的事实与规律，求得人类知识的增长。当然科学归根结底会起到控制自然、改造自然，增长人类物质财富的作用，但它的直接的和基本的目标是理解世界而不是改造世界，是解释自然而不是控制自然。它将控制自然、改造自然的目的与任务交给技术。技术的目的与价值与科学不同，它是要通过设计与制造各种人工事物，以达到控制自然、改造世界、增长社会财富、提高人类社会福利的目的。当然在技术工作中必须不断掌握和增长自己的技术知识，不断熟悉和运用科学的真理。但在技术活动之中知识不是作为目的来看的，而是作为达到设计、制造和控制人工事物这个目标的手段来看的。理解科学与技术在目标上的不同是十分重要的。社会只能要求科学去创造知识，而不必苛求科学家去创造财富。有时科学不但不增加社会财富，反而要消耗大量的社会财富。例如，阿波罗登月计划作为一项研究月球的科学计划，它不但没有生产财富，还消耗了几百亿美元的财富才把火箭和登月艇送到太空中去，而且大部分物质财富被永远地丢失到太空中去了。所以，不能用狭隘观点看科学的经济效益。宇宙起源、天体物理和基本粒子的研究似乎永远不能为我们生产面包与奶油，但它对于科学知识的增长来说比许多物质利益都更有价值。所以，可以对技术进行成本与效益的分析，却不能对科学进行成本与效益的分析。

关于科学与技术在目的上不相同这个基本观念，早在古希腊时代就已经确立。亚里士多德明确指出，科学是研究自然实体和类的普遍性质与原因的知识，是为了自身的目的而存在（for its own sake），而技术即"关于生产的知识"，其目的在自身之外（exist for other's）。在论述科学探索者及其活动时，他说："由于他们探求哲理，其目的是为了摆脱无知，非常明显地，他们追求科学是为了求知本身，而不是为了任何功利目的。这一点已为许多事实所证实。因为当所有的生活必需品以及舒适与娱乐的用品都得到满足之时，人们便开始探求知识了。所以，非常明显，我们并不是为了其他目的而求知的。"① 对于亚里士多德来说，衣、食、住、行、知皆有独立的价值，科学的目的是求知，技术的目的是求用，二者是不同的人类活动，而且科学高于技术，沉思高于生产实践。这种描述，除了体现亚里士多德轻视技术这种高傲态度外，大概对于古代的科学（自然哲学）与技术的关系来说是合适的，它们后来构成了近代科学和技术产生的学术传统与工匠传统。

但是 16—17 世纪近代科学的出现，在相当大的程度上背离了亚里士多德的观点和古代科学与技术的分立传统。科学不单依靠思辨，而且依靠干预自然的实验手段和技术，不单依靠亚里士多德所谓的"四因论"（质料因、形式因、动力因、目的因），而主要是依靠数学的定量方法去认识自然；而技术又逐渐通过运用科学的成果而向前发展。不过这种联系的加强并没有消除科学与技术的本质区别。到了 19 世纪下半叶，欧洲的科技发展情况变得十分清楚，一方面为了追求真理本身的"纯"科学，包括数学、物理、化学和生物学有了极大的发展，非欧几何的理论，光的粒子说和波动说的争论和光的电磁学说，化学的分子结构学说和周期表的建立，生物学中进化论的兴起和孟德尔遗传定律的提出，都很难说它们不是为了追求真理的目的而是为了追求应用的目的而发展起来的。另一方面，工程技术依赖于科学大大发展起来，它发展了自己的化工技术、电气技术、农业技术等却有自己独立的知识体系、教育体系以及技术学会和技术社团，并足以与科学的知识体系和教育体系以及科学的社团相抗衡。这些又进一步说明科学与技术是两种目的不同的人类活动形态，必须区分开来。这种区分时至今日也不能予以

---

① *Great Book of the Western World*, Vol. 8. Encyclopedia Britannica Inc. , 1985, pp. 500 – 501, 547.

抹杀。

（2）科学的研究对象与技术的研究对象不同。科学的对象是自然界，是客观的独立于人类之外的自然系统，包括物理系统、化学系统、生物系统和社会系统，它要研究它们的结构、性能与规律，理解和解释各种自然现象。而技术的对象是人工自然系统，即被人类加工过的、为人类的目的而制造出来的人工物理系统、人工化学系统和人工生物系统以及社会组织系统等。两者在存在的模式、产生与发展的原因以及与人的关系上，有着太大的区别：前者是自己运动的，自发发展的和自然选择的，并没有意识的创造者进行设计与实施；后者则是他动的，依靠于理性创造者而产生，依靠人工选择而进化发展。它是人们有目的、有计划、有步骤地设计出来的。人工事物的范围十分广泛，不仅包括人们用以进行生产的工具与机器，以及由此而生产出来的各种物质产品，而且还包括受人类活动影响的各种事物，非野生的动物与植物，人类创造的经济、政治和社会的组织，以及各种人工的符号系统。虽然所有这些系统的原初组成部分来自天然的世界，这并不是无中生有，但是一旦它们按照人们的目的与需要被制造出来和组织起来，便产生了自己的突现性质，甚至可能出现突现的规律。例如，人工合成的新元素、新分子、新基因和人们制造出来的机器人，就有自己的特殊规律和特定的行为方式。现代人类不是生活在原始森林中，而是生活在人工"丛林"中。我们生活在其中的世界，大部分是由人工事物组成的。对于许许多多这样的事物，如果离开它们为了人类目的而设计出来的功能，就是不可理解的。只有认识到它们是人为的，以及人为什么为之和怎样为之，再加上认识到它的自然机制，才能理解它们、解释它们。所以，它们与自然物分属于不同的世界：天然的世界和人工的世界。天然的世界发展到一定阶段产生出精神状态的世界，而精神状态的世界在一定发展阶段上，又产生出人工的世界。而人工世界一旦产生和发展，它便独立于天然世界，并反作用于整个天然的世界，其影响甚至可能破坏自然界的生态循环。在讨论当代的科学与技术时，我们需要一个新的世界 3（人工世界）的本体论概念。[①] 科学与技术的研究对象不同，就在于它们分别研究两个不同的世界。

（3）科学与技术在处理的问题和回答这些问题时使用的语词方面有很大的区别。西蒙（H. Simon）在他的名著《关于人工事物的科学》一书中讲道，"科学处理的问题是，事物是怎样的"（how things are），而技术处理的问题或"工程师及更一般的设计师主要考虑的问题是，事物应当怎样做（how thing ought to be），即为了达到目的和发挥效力，应当怎样做"[②]。一个非常明显的例子是英国某工厂为解决人造皮革问题，找来了科学家和工程师。科学家（包括物理学家和化学家），所关心的问题是知识。他们所关心的问题是皮革的结构是怎样的，他们大谈天然皮革的三维空间分子结构是如何复杂，目前如何不能精确描述，所以合成皮革是没有希望的。他们没有考虑人造皮革的目的，以及人造皮革应具有什么功能。可是工程师和技术家却从不同角度提出问题：为了达到人们用皮革来做什么的目的，我们应该制造出一种什么样的材料，使其起到替代比较短缺的天然皮革的作用与功能；同一种人类的目的以及为此要求人造物所具有的功能，可以用各种不同的结构来达到。这样考虑问题是一种技术思维方式，或者说是一种技术精神。同样，对于一项技术来说，例如一部汽车，设计它的工程师如果只了解它怎样运行则是无意义的或意义不完全的。因为设计者在设计时并没有这部汽

---

① Davis Baird 在他的一篇论文 "Encapsulating Knowledge：The Direct Reading Spectrometer" 中坚决主张，关于思想内容世界，即世界 3 应包括工具或仪器（instruments）。他说："I argue that Popper's third world should include instrument as well."（PHIL & TECH 3：3 Spring 1998，p. 1）波普尔的世界 3 本来是没有包含"工具"作为它的内容的，不过，在他的进化认识论中，在比喻的意义上，将蜘蛛的网、生物的器官与功能列入世界 3 中，D. Baird 由此推论，那作为人类外部器官的工具（exosomatic toll）也应包括于世界 3 中。这一扩展，使波普尔的世界 3 更接近这里我们所说的"人工世界"的概念。

② Simon H. A.，*The Sciences of the Artificial*，2nd. Cambridge，Mass.：MIT Press，1981，pp. 132 - 133. 中译本赫伯特·西蒙，《关于人工事物的科学》，杨砾译，解放军出版社 1985 年版，第 5、118 页。

车，它必须研究清楚它的目的与功能以及它应该怎样工作才能达到
目的，这些才是他的有意义的或意义完全的知识。由于科学和技术
所问的问题不同，就造成了所使用的逻辑和语言有所区别。在科学
中出现事实判断从来不出现价值判断和规范判断，只出现因果解
释、概率解释和规律解释，不出现目的论解释和功能解释，因而它
多使用陈述逻辑，但在技术回答问题就不仅要使用事实判断而且要
做价值判断和规范判断，不仅要用因果解释、概率解释和规律解
释，而且更多地要用目的论解释和功能解释。因此，必须要发展出
一种决策逻辑、规范逻辑和技术解释逻辑，这就是技术哲学所讨论
的技术逻辑有别于科学逻辑的地方。由于问题和回答问题的判断形
式以及判断的逻辑有别，在技术中出现了科学中不出现或很少出现
的语词。如"目的""计划""设计""实施""机器""部件""装
配""效用""耐用性""质量""成本与效益"等，这些语词都或
多或少与人类目的性概念相关。与科学语词的"价值中立"特征迥
然不同。

（4）科学与技术在社会规范上的不同。科学共同体的基本规
范，主要是默顿（R. Merton）总结出来的四项基本原则，即普遍主
义（世界主义）、知识公有、无私利与有条理的怀疑主义[1]。可是，
这四项基本原则对于技术社会共同体并不完全适用。科学是无国界
的，它的知识是公有的、共享的，属于全人类的。可是技术是有
国界的，未经公司或政府的许可是不能输出的。技术的知识，在
一定时期里（即在它的专利限期里）是私有的，属于个人或雇主
的。科学无专利，保密是不道德的，而技术有专利，有知识产
权，泄露技术秘密、侵犯他人的专利与知识产权是不道德的，甚
至是违法的。当然，技术共同体与科学共同体也有共同的规范，
例如怀疑精神与创新精神、竞争性的合作精神、为全人类造福的

---

① Merton R. K., *The Sociology of Science: Theoretical and Empirical Investigations*, Edited by
Norman Storer. University of Chicago Press, 1973, pp. 267 – 268.

精神，即科学利益、企业利益与社会利益不能协调时，社会利益优先原则是新时代的科学精神和科学规范，也是新时代的技术精神和技术规范。

从以上分析可以看出，区别于科学哲学的技术哲学是可能的与必要的。科学哲学是对科学进行哲学的反思，而技术哲学则是对不同于科学的特殊对象，不同于科学的技术概念、判断和推理，不同于科学的技术规范和技术价值体系进行哲学反思，因此随着人们觉察到技术知识领域应从科学知识领域分离出来，技术哲学从科学哲学中分化出来的时期便到来了。

二　从科学与技术的联系看技术哲学

以上讨论的科学与技术的划界问题是从科学与技术的连续统中截取两极用二分法来加以分析的。这并不意味着在现实世界中我们能够将任何一种科技活动都可以做出非此即彼的划分：不是科学活动就是技术活动。设计和创造一个核反应堆，研究^{235}U裂变时放出几个中子，能否造成链式核反应，以及由此推算^{235}U爆炸的临界质量是多少，这是科学研究还是技术研究？研究广州市某些工厂排放出来的污染物对广州生态环境造成什么影响，在什么程度上是科学研究，又在什么程度上是技术研究？一种科学仪器的制造是科学活动还是技术活动？至于科学家和技术家的划分就更不可能有截然的界限了。例如在科学家与技术家之间基本上有三种典型的人物。①波尔们和爱因斯坦们，他们的主要工作是从事物理学的理论工作，是典型的纯科学家类型。②爱迪生们。他们的主要工作是从事技术革新和技术发明，在理论上并没有什么建树，他们是典型的技术家。③但是还有一种类型的人物，就是巴斯德们。巴斯德既研究了微生物和自然发生论，并进行了激烈的理论论战，同时又坚持不懈地研究了酿酒业中的发酵问题，从而为法国酿酒业的发展做出贡献，还长期研究了蚕病的原因和解决方法，从而"拯救法国的丝绸工业"。[①] 他提出了人类疾病的病菌说这个基本理论，同时又是一名伟大的医生，治好了 2500 个狂犬病人。并且获得了巴斯德消毒法的专利，但他没有拿它去发财，而是为大众的利益放弃了它。像美国的奥本海默、中国的邓稼先都是属于巴斯德们的行列。所以，科学与技术，科学家与技术家和工程师，本来就是一个交集，是相互区别的又是相互联系的。不过值得注意的是，这个交集彼此都不能覆盖对方的核心部分，否则科学与技术便融为一体。所以在科学与技术的划界问题上，我们采取了建构型非本质主义的立场[②]。

科学与技术，这两种相互区别的人类文化活动，时而密切，时而分离。科学与技术在 19 世纪末有两极分化的趋势。从科学方面看，它的发展好像是生长在潮湿土地上的竹笋，一节节地向上拔高，又好像是在跑道上起飞的飞机，从实际的地面向上飞翔，越来越脱离实际进入抽象的想象的空间。19 世纪末 20 世纪初发展起来的相对论和量子力学，以及与此相联系的宇观物理学和微观物理学，好像离技术的应用十分遥远；而另一方面，技术家们特别是一批爱迪生们，发展了自己的工业、自己的专业组织和自己的社会规范，他们尽管被科学家们看作是"肮脏的人"，而他们却把科学家们看作是"古怪的人"，好像要与科学相抗衡似的。可是科学与技术发展到 20 世纪 40 年代和 50 年代，那些最抽象的理论取得了最实际的应用，如原子弹的爆炸和原子能的开发就是一个明显的例子。特别是这时兴起了第二次工业革命，在下列三个方面使科学与技术密切结合起来：①新的工业革命引进了以科学为基础的技术；②新的产业普遍建立了工业实验室或研究与开发（R&D）实验室；③世界上各种各样的大公司雇用了大批的科学家为技术服务。

这时，科学与技术的关系密切到这样的程度，以至于一些科学哲学家和科学社会学家开始建立科技发展的线性模型。他们将技术

---

① 洛伊斯·N. 玛格纳：《生命科学史》，华中理工大学出版社 1985 年版，第 341 页。
② 张志林、陈少明：《反本质主义与知识问题》，广东人民出版社 1995 年版，第 46 页。

仅仅看作是科学的应用或应用科学。他们认为，只要科学问题解决了，在技术上或迟或早地总会得到应用，从而推动经济发展。这个模型叫作科学→技术→经济发展的线性模型。① 与这个模型相适应的，是科技发展战略侧重于基础科学的投资而忽略技术开发的风险投资。当然并不是说，这个模式是完全错误的。因为，我们既可以拿出许多现代技术的实例说明技术创新与技术发现来自科学问题的解决和科学研究的结果，又可以拿出许多例子说明，随着社会物质生产手段的提高，从科学发现到取得科学应用的周期越来越短，以此作为线性模型的根据。但是，我们又必须注意到这个模型过于简单和片面。它的缺点是：①忽略了现实生活中有许多技术上的发明与创新并不来自科学的新发现或科学理论的启示，而是来自经验性的或半经验性的发现以及来自技术知识的积累。这种技术知识独立于科学，有它自己的生命。在英国，X射线发现三天之后，还不知道它是什么东西，在科学上它还是个未知数的时候，就已经被美国医院用于透视了。大多数的中药，在科学上还搞不清楚它的成分、结构与机理的情况下，早就用来治病了。这些都是康瓦克斯（K. Kornwachs）所说的"Know how without know why"②。这些都不符合线性模型。在这里我们看出自然科学理论是不是技术知识的核心这个问题本身都是值得研究的，科学本身是不是总是技术的先导本身也值得怀疑。②它忽略了从发现（包括科学的发现）到技术上实现和经济上可行是一个极为复杂的过程。其中有许多中间的环节对于技术的目的，即制造人工的事物（人工装置、人工过程和人工状态）以满足人类需要来说，很可能是关键的东西，比起科学发现

---

① 曾任英国皇家学会会长的布拉克（P. M. S. Blackett）最明确地提出这个模型。他说"用一个精简的公式来表示，成功的技术创新可以设想为由下列相关的步骤序列组成：纯科学、应用科学、发明、开发、构造样品、生产、市场销售与赢利"。而曾任美国商业部长的霍洛蒙（J. H. Hollomon）则提出了另外一个线性模型。他认为技术创新的序列是"需要、发明、（由政治、社会和经济因素制约的）革新、（由工业的组织特征和刺激决定的）传播与采用"。（Richards S., *Philosophy and Sociology of Science*, Basil Blackwell. 1985, p. 126）

② Kornwachs K., *A Formal Theory of Technology*? PHIL & TECH 4：1 Fall 1998, p. 54.

来说更为重要。在科技投资中有70%的投资用在这里而不用于基础科学和科学发现的研究。例如，在我国要将人送上月球，所要解决的问题主要不是科学问题，而是技术问题与经济问题。又如在科学与技术的历史上，在弗莱明和钱恩发现了青霉素和霍奇金查明它的分子结构之后，要能大量生产出一种实用的青霉素药物，在英国足足花了100万英镑，主要解决的问题不是科学问题而是技术问题，即如何大规模合成青霉素的衍生物氨苄青霉素问题。1926年斯托丁杰弄清了塑料的分子结构后经过十多年的努力，花费了2000多万美元才能制造和大批生产尼龙纤维。这当中也是主要解决技术问题，即如何设计和做出一套高工艺的生产流程和化学方法来生产尼龙材料和拉出尼龙纤维。所有这些又都表现出而且从动态上表现出，技术过程本身具有自己的区别于科学的独立生命、自身的发展模式和自身的发展规律。线性科技发展模型恰好忽略了技术的独立自主性。③有些学者提出一个世纪以来从科学发现到生产应用的平均周期越来越被缩短的科学社会学经验规律，是很值得怀疑的，以至于科学社会学家齐曼说"但是一种发明的'构想'仅仅只是开端，要发展到公开销售的阶段需要很长一段时间。在现代这样一段时间耽搁约为10—15年，不比前几个世纪短多少"[1]。

到了20世纪90年代，技术史和技术哲学研究有了相当的发展，一些技术哲学家不满科技发展的线性模型，提出了科学发展和技术创新的多种模式和非线性模型。限于手头上材料有限和本论文不便展开，这里只介绍文森蒂（W. G. Vincenti）关于技术开发过程的设计概念和里普（A. Rip）关于科技发展的双分技模型（two-branched model），由此来看，技术哲学是怎样从技术的认识论结构及其发展规律性的研究中生长起来。如上所述，技术有自己区别于科学的独立生命，因而技术活动的过程有自己独特的范畴。技术活

---

①　J. Ziman, The Force of Knowledge. Cambridge University Press, 1976. 中译本：约翰·齐曼：《知识的力量》，许立达等译，上海科教出版社1985年版，第190页。

动就是人类有目的地创造人工事物的设计、制造与操控的过程。技术开发与科学探索活动不同,科学研究从科学问题开始,为解决问题解释现象而提出假设,再对假说进行经验的检验与理论的评价,从而提出新问题,构成一个研究周期。但是技术开发从技术问题(满足一种需要或实现一种预期)开始,并不是提出假设而是提出各种不同的设计,然后对不同的设计进行模拟与检验、评价与选择进而加以实施或制造,从而提出新技术问题。在这个技术开发过程中,设计是一个关键的概念。美国斯坦福大学文森蒂教授在1990年出版的著作《工程师知道一些什么以及他们是怎样知道的——航天历史的分析研究》一书中和1992年发表的"工程知识,设计形类型及其等级层次"一文中指出"常规设计是工程事业的主要部分……这样大量的和广泛的活动,如果没有认识论的重要性那是很反常的"。常规设计有两个基本的概念:①操作原理。它说明"某个装置是怎样工作的",即"它的特征部分怎样在组合成统一的操作中实现它的特别功能以达到所追求的目标"。飞机设计的操作原理就是由燃料推动和空气阻力引起的上升力与这种运载工具的重力之间的平衡原理。②常规型构。它说明"这个装置的形状与组织像什么",才能最好地实现操作原理。例如,飞机的型构就是前方引擎、尾部方向盘以及双翼或单翼等。文森蒂说:"操作原理与常规型构提供了区别于科学和知识的工程之最为清晰的实例。它是可分析的,在某种情况下,它甚至是由科学发现所触发的,但这些科学发现决不包含它也不描述记录它。波罗尼说'科学的力学知识并不告诉我们机械是什么。'操作原理与常规型构通常是由发明家或工程师的洞察与经验的附加行动引起的。"[1] 当然现代技术是以科学为基础的技术,对操作原理和常规型构,应该并且可能给出科学原理的解释。但运用科学原理和科学规律对技术原理和技术功能的解释

---

[1] Walter. G. Vincenti, "Engineering Knowledge, Type of Design, and Level of Hierarchy", In P. Kroes M. Bakker, *Technological Development and Science in the Industrial Age*, Kluwer Academic Publishers, 1992, pp. 20 – 21.

绝不是亨普尔和奥本海默的 DN 模型，因为从 Know why 是不能推出 Know how 的，因此，必然有区别于科学解释的技术解释的模型、结构与逻辑。实际上有许多技术哲学家正在进行这方面的研究。①文森蒂以及其他技术哲学家关于技术认识论不同于科学认识论，设计知识不同于科学知识的论述，技术解释不同于科学解释这些命题，可以用上节我们讨论的人工世界不同于天然世界，它们分属于两个世界的观念加以解释。

由于技术活动有自己的独立历程，因此，我们至少可以将科学发展和技术开发看作是研究过程的两个分支。里普在他的《作为舞伴的科学与技术》一文中提出了他的科技双分支模型。他说："这里我们将'发现'作为未被分析的范畴。"由这个源头出发，分出两种不同的活动：①开发（技术开发、过程控制以及反馈等）。②探索。它旨在通过科学研究增长理解。探索所得到的洞察，有时可以用以协助和改进开发（解难、理性化，以及协作技术范式的转换）。② 这个双分支模型如图 1—1 所示。

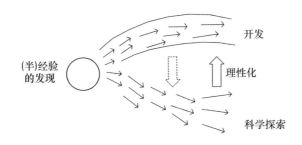

图1—1　里普的双分支科技发展模型

---

① P. Kores, "*Technological Explanation*：*The Relation between Structure and Function of Technological Objects*"，PHIL & TECH 3：3 Spring 1998，pp. 18 - 35. K. Kornwachs, "A Formal Theory of Technology"，PHIL & TECH 4：1 Fall 1998.

② Arie Rip, "*Science and Technology as Dancina Partners*"，P. Kroes M. Bakker, *Technological Development and Science in the Industrial Age*. Kluwer Academic Publishers，1992，p. 236.

前面说到的 X 射线的研究与开发，青霉素的研究与开发，中医药的研究与开发等都大体符合这个模型。里普在这一基础上讨论了科学与技术的协同进化。他称为"科技共舞"。

不过，科技共舞是有多种舞姿的，双分支模型并未概括出共舞的不同花式。我们认为，单从技术这个"舞伴"的活动来看，它与科学共舞至少有四种舞姿：①科学理论导向型。即先有基础理论的解决，然后有应用的研究才导致技术的开发。原子弹的研究就是这种形式。量子力学和核物理的研究解决了原子核的结构问题，放射性元素原子核辐射的应用研究解决了^{235}U 发出中子的链式反应问题，随后指导原子弹的技术开发。②社会需要导向型或技术需要导向型：蒸汽机的发明与改进就是这种形式，矿井抽水的需要推动了纽可门蒸汽机的出现。瓦特对纽可门机的改进，后来是热力学和热功效率的科学研究帮助蒸汽机进一步得到改进与发展。[①] ③现象发现导向型。X 射线的发现及其在医学上的应用，青霉素的发现以及人工合成氨苄青霉素的技术开发都属于这个类型。④日常改进型。一些重要的产品，如汽车、电脑或电视，每年从外观到结构上，都有一些改进。这些改进主要由技术自己进化的逻辑导致，无须科学的进步来加以促进，只需已有的一些科技知识就够用了。这四种模式如图 1—2 所示。

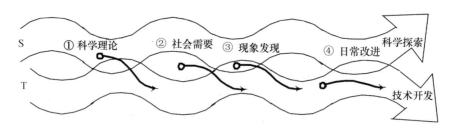

图 1—2 技术开发的四种模式

---

① 司托克斯（D. E. Stokes）指出，日本的技术革新，大部分属于这种类型。他说"近几十年以来，日本人在汽车和家电领域时常占据霸主地位，并非因为科学的进一步应用，而是因为他们通过了解消费反馈信息，结合价格因素，对产品的设计、制造工艺迅速进行微调，设计和生产出更好的产品"（司托克斯：《基础科学与技术创新》，科学出版社 1999 年版，第 16 页）。

科学理论导向型。由理论问题的解决引出技术上的应用，在它的进一步发展中继续需要科学探索的支持。

社会需要导向型。由社会需要推动技术问题的提出和解决。在这个过程的一定阶段上，科学的支持起着重要作用。

现象发现型。这个现象发现，可以是科学家发现的，也可以是技术家或其他人发现的。作为技术开发的出发点。

日常改进型。从技术的日常问题开始，通过常规的设计改进工艺，改进解决步骤，对技术加以改良。

根据理查兹（S. Richards）的估计，技术开发的第②种形式（图1—2）是大量的它比起第①种来，要多出2倍至3倍，[①] 虽然重大的技术革命多半由第①种形式引起。

科学与技术的共舞，还可以从科学这个舞伴的活动来加以分析。科学怎样在技术的促进下与技术协同进化呢？科学的发展模型也可以参照技术的四种舞姿来对称地加以分析。①技术促进型。由于技术问题的解决为科学提供可观察材料和实验手段促进科学发展。望远镜的发现促进哥白尼太阳系学说的发展，当代射电型望远镜促进宇宙学中天文规律的发现。英国19世纪动物饲养家和植物育种家的人工选择技术促进达尔文物种起源的提出等，都是这种类型。②社会需要促进型。技术发展迫切需要科学的介入进行解难从而引起科学的发展。例如，蒸汽机热级效率问题得不到解决而引起热力学理论的产生和发展，各种遗传疾病的治疗困难推动了基因科学的发展。③现象导引型。天然的和实验室中自然现象的发现推动科学理论的发展。例如，X射线、镭放射性等射线发现促成原子物理学的产生与发展。④科学自我完善型. 仅仅由于科学自身问题的

---

① 见 S. Richards（1985）. p. 126。最近美国国防部做了一个统计，"在20种武器系统的几百个关键'部件'当中，只有不到十分之一源自研究成果，不到百分之一来自不以国防需要为目的的基础研究。大多数武器系统的进步都是在现有技术基础上的改进，或者是意识到现存技术的局限性而产生的结果，而不是以研究为目的的开发活动的结果"。（司托克斯：《基础科学与技术创新》，科学出版社1999年版，第47页）

提出和解决而引起科学理论的发展。例如，卢瑟福原子模型的自身矛盾导致波尔原子模型的出现。这样，在科学探索的长河中，同样存在类似于图1—2的四条科学发展线。此外，还有人用双螺旋结构或"橄榄球比赛"模型来解释科学发展线和技术发展线之间的相互关系。

本节关于科技共舞的分析为技术哲学的研究提供了重要课题。它说明了技术的发展如同科学发展一样，有其自身发展独特的内在逻辑，而科学与技术彼此之间又有着密切关联。技术哲学必须研究技术发展的独特的认识论结构和独特的认识过程，以及技术的认识过程与其他文化，特别是与科学文化发展的关系。

三 一种技术哲学的研究纲领

基于以上分析，我们尝试提出一个技术哲学的研究纲领。在此研究纲领中，除了技术哲学的对象与方法这些原技术哲学问题外，技术哲学研究至少还应有下列六个方面的内容。

（1）技术的定义和技术的本体论地位。技术是人类的一种特殊的活动，还是人类的一种特殊的知识体系，或是各种人造物的集合呢？甚至是三者都是呢？技术与自然和社会的关系如何？它是人们的一种工具，还是压倒所有传统与价值的自主的文化力量，还是一种并非价值中立的社会的建构呢？我们应该用工具的观点看它，还是用实质的观点看它，或是用批判主义的观点看它呢？我们是否需要创造一个新的世界3的概念来说明技术及其人工事物的本体论地位呢？这些问题都是属于这个方面的研究内容。

（2）技术认识的程序论。技术认识程序可否设想为：① 技术问题的提出。② 设计方案的制订，包括设计与蓝图、比例模型、样机产品等。③ 技术评价与检验。④ 计划、实施与改进。运用技术史来研究技术程序时，波普尔的知识增长公式（P – TT – EE – P'），系统工程的认识程序论可作为我们研究的参考。

霍尔（A. D. Hall）的《系统工程方法论》详细讲解了解决工程问题过程的时间维度和逻辑维度，指出工程的设计实施过程，从逻辑上分析有六个程序：① 问题定义；② 目标选择；③ 系统综合；④ 系统分析；⑤ 最优系统选择；⑥计划实施。霍尔的这一理论原本就属于技术哲学的范畴，不过我们研究技术认识程序时，特别需要讨论的是技术问题的产生与分类与科学问题的产生和分类有何异同。讲求功效（effectiveness）的技术评价标准与求真的科学评价标准有何异同。

（3）技术知识结构论：主要是设计形成的机制。设计与经验和背景科学知识、背景工程知识的关系。设计的检验标准以及设计与实施的等级层次。技术知识的逻辑推理结构等问题。在讨论这些问题时，逻辑经验论的理论结构和解释模型可供参考。西蒙的《关于人工事物的科学》所提供的设计方法论和逻辑也可供参考。特别是近年来克罗斯（P. Kroes）提出的技术解释的结构功能模型（1998）和康瓦克斯（K. Kornwachs）提出的技术推理的形式理论（1998）使技术知识的逻辑结构研究有了很大进展，完全可以在这个基础上向前推进，建立技术知识结构论。

（4）常规技术与技术革命。考察常规技术的范式，它的操作原理和常规型构，以及技术创新和技术革命的认识机制与规律。在讨论这些问题时，库恩的科学革命的结构和拉卡托斯的科学研究纲领方法论可供参考。

（5）技术与文化，特别考察科学文化与技术文化之间的关系，以及它们是怎样协同进化的。

（6）技术价值论与技术伦理学。这是我国科学哲学和技术哲学研究者讨论较多的问题。

我国的科学哲学工作者，发生一个伦理学的转向，即许多科学哲学工作者，他们近年来的兴趣中心，从科学认识论和科学逻辑更多地转向科学伦理学，或科学技术伦理学。就科学哲学理论体系本身来说，科学逻辑和科学认识论已有许多学派做了许多研究，因而有可能使研究重点从学科的核心转移到学科的外围。但是技术哲学的情况却很不一样，技术哲学的核心问题，当然也是技术认识论和技术推理逻辑问题。不过这个问题目前研究得不多，正是学科的前沿问题。而不以这一点为核心的技术哲学将会与 STS 的研究融合在一起而失掉技术哲学的特殊性。因此，当大家正在热衷于技术伦理学的研究，热衷于人文主义的技术哲学的研究，热衷于技术的社会批判研究时，我们却想用自己微弱的声音，发出一种呼喊：技术哲学要转向技术知识论和技术逻辑的研究。我国已经出版了一些人文主义的技术哲学著作，如殷登祥、曹南燕等人翻译的米切姆的《技术哲学概论》。但是，还有几本侧重于技术伦理学的技术哲学。还有几本侧重于技术认识论的技术哲学权威著作尚未译成中文。如 F. Rapp 编的《技术哲学文集：技术科学的思想结构研究》（1974）、文森蒂的《工程师知道一些什么，以及他们是怎样知道的——航空历史的分析研究》（1990）以及邦格的《科学与技术哲学》（1985）等。

第二章

关于技术和技术哲学的界定

本章从语用学角度讨论如何界定技术的方法论问题，分析当代技术哲学中的七种技术定义，指出它们分属于技术哲学的三个不同学派，即技术工具论学派、技术实体论学派和技术社会批判学派。进而考察陈昌曙、远德玉教授提出的技术三个基本特征的观点，指出其优缺点，并提出新的技术定义。与此定义相联系，简述以技术认识论为核心的技术哲学问题。

对于本章要讨论的问题，不同学派的观点分歧较大。为了让读者更好地了解不同学派的观点，本章采用对话的形式来写。对话的一方是本书的两位作者——张华夏、张志林，另一方是两位作者在一个"可能世界"中共同指导的博士研究生——张绿兵。对话从本书第一章有关科技划界的观点出发，讨论了各个学派关于技术和技术哲学的概念的界定，阐述了本书两位作者对此问题的立场。

一　界定技术概念的方法

张绿兵（以下简称"兵"）：最近我拜读了两篇重要论文：一篇是陈昌曙教授与他指导的博士研究生陈红兵合写的《关于"技术是什么"的对话》①，另一篇是陈教授与他的学术老搭档远德玉教

---

① 陈红兵、陈昌曙：《关于"技术是什么"的对话》，《自然辩证法研究》2001 年第 4 期。

授合写的《也谈技术哲学的研究纲领》①。我注意到后文的副标题是"兼与张华夏、张志林教授商谈",不用"商榷"而用"商谈",倒是显得有些别致。对照你们的《从科学与技术的划界看技术哲学的研究纲领》②,我感到他们所使用的技术和技术哲学概念比你们使用的概念更加广阔和开放,似乎也更符合当前我国技术哲学的研究现状。我想知道二位对此有何看法。另外,我对陈教授等人的论文尚有一些问题不甚明白,也想一并请教你们。

张华夏、张志林（以下简称"张"）：很好,很好。我们既然来到可能世界,就不仅希望讨论现实世界中陈教授等人的观点,而且希望讨论他们的可能观点,也许这样能更好地理解他们的基本论点。不知你有什么问题还不太明白？

兵：首先,我不明白为什么陈教授一再要求他的学生"绕"开"给技术下定义,弄清技术的本质"是什么的问题。③

张：从陈教授说的"知难而'绕'"的几点理由来看,他实际上表达了一种近似于后期维特根斯坦的观点。这种观点认为,当我们试图用一个概念来概括我们所要指称的各种事物时,很可能这些事物之间根本就没有什么"共同的本质"。维特根斯坦曾以"游戏"概念为例,指出："如果你观察它们,你将看不到什么全体所共同的东西","我们看到一种错综复杂的互相重叠、交叉的相似关系的网络：有时是总体上的相似,有时是细节上的相似"。对此,他特别用"家族类似"（family resemblance）概念来表达。很可能陈教授已经注意到,"技术"也有点像"游戏",它们都属于"家族类似"概念,因为他说了这样的话："从形式上看,给技术下定义,类似于定义'科学'、定义'物理'、定义'信息'那样,不

---

① 陈昌曙、远德玉：《也谈技术哲学的研究纲领》,《自然辩证法研究》2001 年第 7 期。

② 张华夏、张志林：《从科学与技术的划界看技术哲学的研究纲领》,《自然辩证法研究》2001 年第 2 期。

③ 陈红兵、陈昌曙：《关于"技术是什么"的对话》,《自然辩证法研究》2001 年第 4 期。

是用一句话或用'种加属差'的格式能说明白的"。①

兵：如此说来，陈教授提倡"知难而'绕'还是有充足理由的"。

张：当然。我们还可进一步说，维特根斯坦的"家族类似"概念在分析哲学中开辟了一个语用学分析的方向。这种分析不同于狭义语义学的地方在于突破了局限于语言表达式与其指称对象之间的关系，而强调在特定语境中语言表达式的合理用法。维特根斯坦甚至提出了"意义即使用"的观点。就"技术"一词而言，我们最好分析它在特定语境中的合理用法，而不宜提出一个本质主义的定义，只能提出一个非本质主义的定义。

兵：不过，我注意到，陈教授等人毕竟概括地表达了技术的三个基本特征，这些特征的联合难道不可以作为技术的定义吗？这个定义是不是本质主义的定义呢？

张：根据上面的分析，陈教授一定不会认为这是一个种加属差式的本质主义定义。

兵：那么，依你们看，当我们试图给"技术"一词下定义时应遵循什么样的方法论规则呢？

张：我们认为，当我们给一个词下定义时，首先应该大体判明该词所指称的是属于什么样的物类。有趣的是，陈教授也认识到，描述技术的基本特征，"主要困难之一，可能是怎样来表述技术与'物'的关系"②。根据我们对物类论的研究，我们认为可以将事物的类分为三种：

第一种是自然类（natural kinds/classes）：其所有元素具有一种或若干种共同特征，这些特征分别开来对于这些元素之所以属于此类是必要的，合取则为充分的。此时，采用种加属差的本质定义是合适的。

---

① 陈红兵、陈昌曙：《关于"技术是什么"的对话》，《自然辩证法研究》2001 年第 4 期。
② 同上。

第二种是建构型家族相似类（classes of constructive family resemblance）：此时全体元素不具有任何共同特征，但有某些特征为多数元素所共有。列举这些特征便可得到一种准本质定义（非本质主义定义）。

第三种是解构型家族相似类（classes of deconstructive family resemblance）：此时不仅全体元素，而且多数元素都不具有任何共同特征。在这种情况下，通过描述特征来给表达此类的语词下定义是不可能的，也是不必要的。

兵：嗯，这些观点很有意思。不过，我关心的是"技术"一词指称的物类应该属于哪一类呢？

张：别急嘛。我们所熟悉的原子、分子、化合物、动物、植物等都属于自然类。上面提到"技术"和"游戏"都属于家族类似概念，但现在看来它们是有重要区别的：游戏属于解构型家族相似类，根本不必给出定义，只是无矛盾、不含混地揭示游戏在特定条件下的相似与相异即可有助于我们对游戏的认识；但技术则是建构型家族相似类，我们完全可以通过准本质定义方式来界定"技术"一词的意义。

兵：由此来看，陈教授等描述的技术的三个基本特征就可看作是提出了一个准本质的技术定义？

张：大体上不错，但还得做点更深入的分析。任何技术定义对于理论都不是中立的；换句话说，技术定义必定有理论负荷。不妨举个例子来说明。著名英国科学哲学家牛顿·史密斯（W. Newton Smith）编辑出版了一本厚厚的《科学哲学手册》，① 其中"技术哲学"条目是由夏威夷大学女哲学家泰尔斯（Mary Tiles）写的。她精选了七种不同的技术定义，并指出它们分属于三个不同的技术哲学流派。七种定义分别是：

---

① Newton-Smith W. , *A Companion to the Philosophy of Science*. Oxford：Blackwell Publishers Ltd. , 2000.

（1）技术是"为了实践目的的知识组织"（Mesthene，1969）；

（2）技术是"人类创造的用它来完成而没有它就不能完成任务的系统"（Kline and Kash，1992）；

（3）技术是"为达到特殊目的显示于物理对象和组织形式中、基于知识应用的系统（Volti，1992）"；

（4）技术是"少数技术专家通过一个有组织的等级来理性化地控制大多数人群、事件和机器的系统"（McDermott，1969）；

（5）技术是"在其中人与非生物发生各种各样关系的生活形式"（Wineer，1991）；

（6）技术是"在一切人类活动领域理性地达到并且（在特定发展阶段）具有绝对效率的所有方法"（Ellul，1964）；

（7）技术是"一种社会建构和一种社会实践"（Stamp，1989）。

其中，定义（1）、（2）、（3）负荷着技术工具论，定义（5）和（6）负荷着技术实体论，定义（4）和（7）负荷着技术社会批判论。正因为每种技术定义都受制于特定的技术哲学理论，所以评析技术定义时就应该结合与之相对应的技术哲学理论来进行。

二　技术的定义

兵：那么，你们怎样评价陈、远两位教授的技术定义呢？这个技术定义实际上或可能与国际技术哲学界哪个学派接轨呢？

张：关于后一个问题，你最好回到现实世界去向陈、远两位教授请教。不过，我们现在在可能世界，不揣冒昧地根据陈教授等人两篇论文的语境，认为他们的技术定义很可能与技术实体论接轨。技术实体论强调技术是一种社会存在，是人们改造自然的生产过程和生活方式。马克思的技术观就属于这一派。用马克思本人的话来说，"技术揭示了人对自然的能动关系，人的生活的直接生产过程，以及人的社会生活条件和由此产生的精神观念的直接生产过程"。① 我们注意到一个有趣的现象，就是陈昌曙教授等人对技术特征的分析和描述与马克思在《资本论》第一卷第二章第一节对劳动过程特征的分析和描述十分相似，（以下引马克思的话不再加注）

兵： 是吗？愿闻其详。

张： 我们可以从如下三个方面来看这个问题。

第一，陈昌曙教授说："技术是物质、能量、信息的人工转换。这是技术的功能特征，是技术的最基本的特征。"换句话说，"技术是人工化的物质、能量和信息的转换，人工化是 doing 和 making 的实践行为和过程，技术是行为，是实践，而不仅仅是思考或知识，不仅仅是－ology"。②现在对照来看马克思对劳动的论述："劳动首先是人和自然之间的过程，是人以自身的活动来引起、调整和控制人和自然之间的物质变换的过程"。这里强调人工引起的"物质变换"，其实加上"能量变换"和"信息变换"就与陈教授对技术的论述相吻合了。

第二，陈教授又说："技术的第二个特征，即技术是人们为了满足自己的需要而进行的加工制作活动。这是技术的社会目的特征，技术作为过程的特征。"③马克思则说劳动是"有目的的活动"，"劳动过程结束时得到的结果，在这个过程开始时就已经在劳动者的表象中存在着，即已经观念地存在着。它不仅使自然发生形式变化，同时它还在自然物中实现自己的目的"，请看，两段论述都强调目的和过程。

第三，陈教授对"技术的第三个特征"的描述是："技术是实体性因素（工具、机器、设备等）、智能性因素（知识、经验、技能等）和协调性因素（工艺、流程等）组成的体系。这是技术的

---

① 马克思：《资本论》（第一卷），《马克思恩格斯全集》（第 23 卷），人民出版社 1972 年版，第 10 页。在此对译文做了校正。

② 陈红兵、陈昌曙：《关于"技术是什么"的对话》，《自然辩证法研究》2001 年第 4 期。

③ 同上。

结构性特征或技术的内部特征"①。马克思也描述了劳动的结构性特征，他说："劳动过程的简单要素是：有目的的活动或劳动本身、劳动对象和劳动资料。"我们知道，这几个要素有时又被称为生产力三要素。这里所说的"劳动资料"包括工具、机器、设备等，"劳动本身"有时又被解释为具有一定知识、经验、技能等的人（劳动者）所从事的"有目的的活动"。

兵：你们将陈昌曙教授等人对技术基本特征的描述与马克思对劳动基本特征的描述作比较，是不是想说明陈教授等人实际上没有提出新的技术的特征或定义呢？

张：不，这并不是我们的目的，陈教授等将马克思的劳动学说用于分析技术，提出技术的三个基本特征，这当然是一种理论创造。这样做的优点体现在它有助于我们对以下几个问题的认识：①有助于揭示技术的一阶主题与二阶主题的区别。陈教授等人的描述揭示了技术的一阶主题，而邦格关于人工过程及其手段方法等的"科学研究"所提出的工程学知识体系则属于二阶研究。划清这个界限，有助于理解技术与工艺学及应用科学的区别，也有助于理解技术哲学与工程学哲学的区别。②陈教授等人讨论技术的构成要素时，使用"智能性因素"来概括地表征实践的"知识体系"。这样做有利于进一步划清技术与科学的界限。③与此密切相关的是，陈、远两位教授将技术满足人们"需要"的范围做了限制，明确指出："我们以为，在讨论科学与技术的区别时，可能更有必要强调科学在更大程度上与社会精神文明，与观念文化领域（或'文化场域'）密切相关，技术主要与社会物质文明与经济领域（或'经济场域'），与实践活动紧密相关。"②

兵：我注意到，陈教授和他的合作者多次强调科学与技术的区别。

---

① 陈红兵、陈昌曙：《关于"技术是什么"的对话》，《自然辩证法研究》2001 年第 4 期。

② 陈昌曙、远德玉：《也谈技术哲学的研究纲领》，《自然辩证法研究》2001 年第 7 期。

张：是的。但是，在我们看来，他们提出的一些划界标准还有进一步商谈的必要。我们认为，科学不仅仅是知识体系，而且也包括为获得知识体系而进行的实践活动。其实，在科学哲学发展过程中，从历史学派对逻辑经验主义的批判开始，在这个问题上人们便逐步达成了共识。试想法拉第从事电磁研究的科学活动，居里夫人进行放射性研究的科学活动，还有物理学家用大型加速器研究基本粒子的科学活动，以及国际人类基因组研究委员会和塞莱拉公司对人类基因组测序的科学活动等，有哪一项不符合马克思所说的劳动三特征和陈昌曙教授等人所说的技术三特征呢？看来我们在本章第一节从研究目的、研究对象、语词用法和社会规范四方面的区别来对科学与技术做出划界的观点还是能够成立的。①

兵：以上可以看作是你们认为的陈教授等人对技术基本特征描述的第一个缺点吧。简单地说，这些特征描述其实难以严格区分科学与技术。依你们看，这些特征描述还有什么缺点呢？

张：另一个缺点是它难以区分技术与劳动过程或生产力。如果在内涵和外延方面技术与劳动过程或生产力没有什么区别，那么所谓技术是劳动过程的决定因素或技术是第一生产力等说法便失去了意义。

兵：有道理。其实，无论是哲学家还是经济学家在讨论技术时，往往力图从劳动过程或生产过程析离出技术因素，而避免把整个劳动过程或生产过程等同于技术。传统经济学家将土地、劳动、资本当作生产三要素，而知识经济学家加上一个知识要素，并强调它是生产的第一要素。

张：是的。人们并不把劳动者的数量看作生产过程的技术方面，而将劳动者的技能和生产方法看作技术方面；人们也不把劳动者的体能看作技术方面，而将劳动者的智能看作技术方面；人们还不把厂房、设备等的规模和数量看作技术方面，而把这些生产资料

---

① 陈昌曙、远德玉：《也谈技术哲学的研究纲领》，《自然辩证法研究》2001 年第 7 期。

的质量看作技术方面。著名美国经济学家索罗（R. Solow）分析和改进了科布－道格拉斯生产函数，导出

$$\frac{\Delta Y}{Y} = \frac{\Delta A}{A} + \alpha \frac{\Delta N}{N} + (1 - \alpha) \frac{\Delta K}{K}$$

式中，Y 表示产出，N 表示劳动投入量，K 表示资本投入量，A 表示技术水平。

于是，技术进步 $\frac{\Delta A}{A}$ 对经济增长的贡献就从劳动增长 $\frac{\Delta N}{N}$ 和资本增长 $\frac{\Delta K}{K}$ 对经济增长 $\frac{\Delta Y}{Y}$ 的贡献中析离出来了。索罗计算出技术进步对经济增长的贡献占总增长的 2/3。根据这种分析的启发，我们可以说技本就是人类智能在实践过程中的具体组织和具体表现，它是人们达到特定效用目的的手段。人们头脑中或书本中的智能不是技术，只有为追求某种功利效益，在实践过程中组织起来和表现出来的智能才是技术。因此，某些应用于实践的知识、方法和技能可称为技术的"软件"，而某些应用于实践的仪器和设备（所谓"物化的智能"或"智能的物化"）可称为技术的"硬件"。这样，陈红兵关于机器是不是技术的问题就有了另外一种解法。

兵：啊，说了半天，你们兜了一个大圈子，还是回到了你们原来给出的技术定义，即技术只是一种知识体系，不过做了两点小小的修正而已：第一，将"知识体系"改成"智能"；第二，在"智能"前面加了一个长长的定语"在实践过程中组织起来和表现出来的"，甚至是"物化了的"（智能）。

张：请注意，我们从来没有讲过"技术只是一种知识体系"。在我们提交给第八届全国技术哲学学术会议的论文，以及据此修改后发表于《自然辩证法研究》杂志的论文中，都有这样一段话："什么是技术呢？技术也是特殊的知识体系，一种由特殊的社会共同体组织进行的特殊的社会活动。不过技术这种知识体系指的是设计、制造、调整、运作和监控各种人工事物与人工过程的知识、方

法与技能的体系。"①在前面我们说过，对于科学，我们都不主张仅仅是一种知识体系，更何况技术。我们自己觉得，在对技术的看法上，我们的观点比较接近于技术工具论。也就是说，我们大体上同意泰尔斯归纳的前三种技术定义所表达的观点。

兵：噢，我明白了，你们与陈昌曙教授等人在技术概念理解上的分歧反映了国际技术哲学界技术工具论与技术实体论的分歧。

张：大体上可以这么说。不过还有一点需要补充：我们在定义技术时，之所以要将知识（knowledge）的概念换成智能（intelligence）的概念，是为了避免一种误解，以为技术知识像大多数人所理解的科学知识一样，完全可以用语言、图表、公式来表示。事实上"关于设计、制造、调整、运作和监控人工事物的知识方法与技能"，是不能单用语言、图表、公式来进行完备的表述的。必须注意，在技术知识中，存在着一种只能用熟练操作技巧表现出来，用人造物呈现出来的所谓"只能意会，不可言传"的知识，英文叫作 tacit knowledge。就设计来说，引导技术专家进行创造性思维的，很多时候不是语言，而是视觉的意象，将这些意象整合后可以创造出新机器。而在制造人工客体时，常常给出了非常详细的设计图、说明书以及各种书本、文章、专论，但人工客体还是不能做出来，因为缺少了样机，缺少了熟悉这些机器的内行者对它的理解以及制造时的操作技巧。因此，技术知识特别地包括了"可明言"知识和"不可明言"知识（技巧），描述出来的知识和物化地表现出来的知识。用"智能"一词来表示它们似乎比用一般的"知识体系"一词来表示它们来得更清楚一些。

三　技术哲学的核心问题

兵：你们不是说对技术定义的理解要结合相应的技术哲学理论

---

① 张华夏、张志林：《从科学与技术的划界看技术哲学的研究纲领》，《自然辩证法研究》2001 年第 2 期。

来进行吗？你们的技术定义是怎样与你们的技术哲学理论相联系的呢？还有，你们对陈、远两位教授的商谈有何回应？

张：可以说陈、远两位教授已经有了一个自己的技术哲学理论体系，他们已经怀抱着一个技术哲学的"胖娃娃"了。相比之下，我们的技术哲学观点不过是一个早期的胚胎而已，即使本书也不过是对技术哲学中的一个重要问题进行一些初步研究，完全未涉及技术哲学的方方面面。陈、远两位教授可能会做出这样的预言：按我们的研究纲领产下来的婴儿很可能是科学哲学的变种。这种猜测倒是对我们的一种提醒。当然，科学哲学对我们研究方法的启发是毋庸讳言的。但是，既然我们从强调科学与技术的划界立论，我们就会注意使自己的技术哲学体系不至于看起来像一个科学哲学的"私生子"。

兵：既然如此，不妨说说你们认为技术哲学应研究哪些主要问题吧。

张：我们在本书第一章第三节提出的初步研究纲领中对此已做了一些陈述。现在再做点补充和深化吧。既然我们将技术理解为达到实用目的的智能手段，那么对这种智能做出哲学分析就是技术哲学研究的题中应有之义。由此看来，技术工作者知道什么、怎样知道以及如何运用特定知识和技能提出技术问题，进而设计、试验、评价、选择、发明各种人工产品，并对它们进行技术革新等问题便首先进入我们的视野。必须强调，这里所谓技术问题不同于科学问题，技术发明不同于科学发现，设计人工产品不同于构造科学假说，试验人工产品不同于检验科学理论，技术革新不同于科学革命，技术解释不同于科学解释，等等。这些区别究竟有什么表现，是值得研究的重要问题。可以说，这些研究构成了技术的认识论和逻辑结构研究。在我们看来，这就是技术哲学的核心内容。

兵：似乎可以这样说，陈教授等人强调技术价值论，而你们突出技术认识论。

张：当然，技术判断和技术解释会有价值负荷。也就是说，对技术进行价值分析是必要的。但是，按陈昌曙教授的说法，"只从 A 对系统是必要的、不可缺少的，并不能论证 A 是主要的。"① 同样按此逻辑，像陈、远两位教授那样"理所应当地把技术价值论作为技术哲学的核心问题"②，就显得不太严谨了。其实，参照前面提到的国际技术哲学界三个技术哲学流派，可以这样看问题：主张技术是达到实用目的的智能手段的哲学家倾向于建构以技术认识论为核心的技术哲学体系，主张技术是社会存在或生产力的哲学家倾向于建构以技术价值论为核心的技术哲学体系，而主张对技术进行社会批判的哲学家则倾向于提出社会建构论的技术哲学体系。

兵：这样说来，技术和技术哲学研究本来就呈现出多元的格局。我想我们应该取各家之长、避各家之短，发挥各派理论的互补作用，以期将技术本体论、技术认识论、技术价值论、技术社会批判论等综合成一个协调的理论体系。我们现在在可能世界某大学的技术哲学与生态哲学系访问，该系的名称启示我们，还应当把技术哲学与生态哲学协调起来，使技术在生态环境保护中发挥积极的作用。

张：你的这些观点很不错，看来真是青出于蓝而胜于蓝。其实，我们在技术哲学研究方面还只是初涉者，许多研究尚待我们共同努力。你对技术哲学有兴趣，希望你在今后的研究中做出贡献。刚才我们说了，陈昌曙和他的合作者已怀抱着一个技术哲学的"胖娃娃"。这个"胖娃娃"生长在我国技术哲学的东北基地，那里有陈昌曙、远德玉、关士续、刘则渊等一批著名的老专家，他们还培养了一大批技术哲学的研究人才。而且，在他们那里还有充足的英语、俄语、日语等各类语种的技术哲学研究资料。我们建议你从可能世界返回现实世界后，到东北去进行学术访问吧。

---

① 陈红兵、陈昌曙：《关于"技术是什么"的对话》，《自然辩证法研究》2001 年第 4 期。

② 陈昌曙、远德玉：《也谈技术哲学的研究纲领》，《自然辩证法研究》2001 年第 7 期。

第三章

技术认识论的主要内容

在技术哲学和技术认识论的研究尚未成熟，许多问题与科学认识论和科学方法论混杂在一起的情况下，我们自然应该从"划界问题"开始研究技术哲学。换言之，我们应该讨论科学与技术的区别，科学哲学与技术哲学的区别，从而讨论技术方法与科学方法之间有什么根本的区别以及这些相互区别的东西有什么密切的联系，以便引出技术方法论的一些主要的或至少是比较突出的问题和特征。有了划界问题就引出了与此密切相关的"界定"问题，即界定什么是科学，什么是技术，或者更加仔细一点说界定什么是理论科学，什么是应用科学，什么是技术理论（工程科学），什么是技术实践（工程过程）等。

一 科技划界与科学哲学和技术哲学的划界

从基础科学到技术实施之间有许多中间环节，它们构成了一个连续统。为了对科学技术进行统计与测量，经济合作与发展组织（OECD）1970 年公布的《科学与技术的测量》文件，将这个连续统做了四元划分：①基础研究；②应用研究；③开发研究；④技术实施。[①] 严格说来，该文件只对前三项做了明确论述，最后一项则

---

① 联合国文件：《关于科学技术统计资料国际标准化之目的的规定》（1978），载约翰·迪金森《现代社会的科学和科学研究者》一书附录，农村读物出版社 1989 年版。

— 31 —

隐含在文本的叙述之中。该项文件的内容，后来被联合国教科文组织采用，并于1978年11月27日第20次会议上通过了一份关于科学技术统计资料国际标准化的建议。该建议是这样规定的："①基础研究：主要为获得关于构成现象和可观测的事实之基础的新知识而进行的实验或理论工作，不特别或不专门着眼于应用或利用。②应用研究：为了获得主要目的在于应用的新知识而进行的创造性研究。③实验开发与基于得自研究的现存知识和/或实际经验，旨在生产新材料、新产品、新装置、设置新过程、新系统、新业务，从根本上改善过去已经生产或设置的那一套的系统性工作。"至于第④项，联合国教科文组织关于科学研究者地位的建议（1974）中，曾做了如下规定："技术是指直接关系到生产或改善货物或劳动的那些知识"这几个文件，都已成为一般科学技术研究者讨论科技划界问题的基础。以此为参照，李伯聪教授将其中①、②项合称为"科学"，将第③项称作"技术"，将第④项叫作"工程"，从而提出"三元论"，并认为除了科学哲学、技术哲学之外还有第三类科技哲学，即工程哲学。[①] 考虑到"技术"与"工程"或开发研究与技术实施（建造过程）的目标（改造自然、获得效用），研究的对象（人工自然），方法论（发明、设计、可行性检验、施工等方法论）和社会规范的共同性，以及工程科学与工程过程或技术实施的联系，一方面我们主张首先应该搞清科学（包括联合国文件的前两项）与技术（包括联合国文件的后两项）的二元划界，然后以此为基础再考虑其他划界。另一方面，我们还应注意到联合国的四元划分是一个有关"研究"的划分。至于"学科"或知识的划分，大体上相应地有下列四类：①基础科学；②应用科学；③工程科学；④生产技术知识与技能。但须注意，这两类四元划分并非完全一一对应。我们并不反对工程科学哲学，特别是与工程科学和技术发展史密切相联系的工程科学哲学。不过，我们还是主张，首先将

---

① 李伯聪：《努力向工程哲学领域开拓》，《自然辩证法研究》2002年第7期。

技术理论或工程科学中偏重于实践的那部分特别是"技术规则"（technological rule）和"运行原理"（operational principle）的集合，划入技术的领域，做出科学与技术的二元划分。我们认为，如果不首先解决科学与技术的二元划界问题，那么三元、四元的划界是不会搞得十分清楚的。从理论上说，区分科学与技术是技术哲学得以成立的必要条件；从事实上看，绝大多数技术哲学研究者都把科学与技术的划界问题看作技术哲学的基本问题。

　　那么，当我们讨论科学与技术的二元划界时，到底应该将从理论科学到工程实践甚至生产过程的一体化的连续统大蛋糕，从哪里切成两份，一份交给科学哲学做祝寿礼物，另一份交给技术哲学做生日礼品呢？这显然与如何界定什么是技术密切相连。第二章已提到陈昌曙教授将技术界定为"技术是物质、能量、信息的人工转换。这是技术的功能特征，是技术的最基本的特征"。按此在逻辑上这一刀应该切在四种科技研究分类和四种科技知识分类的③、④项之间，于是对作为人工物质过程的技术的哲学反思，便很可能是比较接近于社会学的、伦理学的和经济学的，那些认识论问题可能在相当大的程度上隐退了。这可能就是我国技术哲学的东北学派有自己独特学术传统的一个原因。相反，如果我们像邦格那样，将技术界定为"技术就是应用科学"，则我们划界的一刀应切在①、②项之间，至少也应将第②项拦腰斩断，这样对技术进行哲学反思，就很可能比较接近于科学哲学，对工程实施中的技巧、技艺或所谓不可言传的技术（tacit technic）的研究以及与技术社会学和技术经济学的交叉研究就会被忽视。在第二章，我们曾经做出这样一个定义："技术就是人类智能在实践过程中的具体组织和具体表现，它是人们达到特定效用目的的手段"，而所谓技术智能指的是"设计、制造、调整、运作和监督各种人工事物与人工过程的知识、方法与技能的体系"，也包括"物化的智能"即仪器与设备之类①。

---

① 张华夏、张志林：《关于技术和技术哲学的对话》，《自然辩证法研究》2002 年第 1 期。

正是基于这种考虑，我们主张这一刀应切在研究四分的②、③项之间。至于以海德格尔的研究为基础的技术哲学的社会批判学派，它将现代社会生活方式以及相应的世界观都列入"技术"的领域，其技术哲学有完全不同的特征便不足为奇了。

当我们讲清科技划界和科学哲学与技术哲学之间的划界之后，我们有必要声明，这个划界是相对的，这是因为科学家们的活动与工程师们的活动是相互结合和相互渗透的，特别是大科学时代更是如此，图3—1表征这种相互渗透（该图是美国斯坦福大学文森蒂首创，我们略加改进。见本书第九章），但是相互关联有个立足点，相互渗透可以抽象出理想类型。不坚持这个方法论立场，我们对科学与技术的理解就会是一锅烂粥。

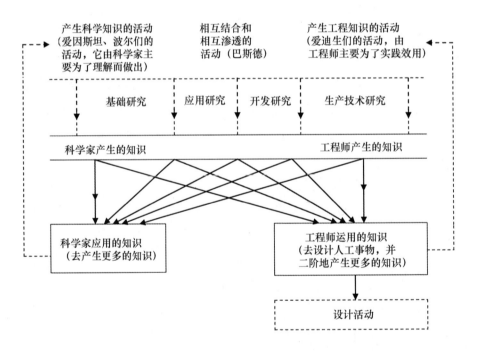

图3—1　知识及其产生的活动的相对划分

二 科学认识论与技术认识论的共同性

我们在第一章曾讨论了科学与技术的四大区别：科学的目的和技术的目的不同，科学的研究对象与技术的研究对象不同，科学的语词与技术的语词不同，以及科学的社会规范和技术的社会规范不同。[①] 现在看来，这几点区别主要是从社会学的角度展开讨论的，即主要是从考察科学与技术在社会生活中，在人们的价值体系中的不同地位与作用而做出的。当然，我们还可以从各个角度罗列出科学与技术的许多区别。但是，区别来自比较，要从认识论上对科学方法与技术方法进行比较，就必须有一个比较它们的共同指标，而这个指标就来自科学与技术共同的认识论特征。

科学的探索过程、技术的开发过程、社会的经济的管理过程以及其他许多人类活动过程，作为认识过程和行动过程，有着共同的模式。20 世纪人们对于这些不同领域的认识模式的许多重要的探索及其所取得的重大成就都与对这个共同模式的认识有关。1910年，美国著名哲学家、实用主义哲学的代表人物杜威在《我们怎样思维》（1910）一书中，对这个共同模式做了一个很好的表述。他说，科学、技术以及我们的一切生活就是解决问题，生活本身就表现为一系列问题，最后以一个不能解决的问题而告结束。在这本书中，他将解决问题的过程划分为五个步骤："（1）察觉到困难；（2）困难的所在和定义；（3）可能的解决方案的设想；（4）运用推理对各种设想的意义与蕴涵所做的发挥；（5）进一步地观察与实验，它导致对设想的接受或拒斥，即做出它们可信或不可信的结论。"[②] 他还对这五个步骤做了一些解释，这些解释包含现代科学认识论、现代技术认识论和现代管理方法论的许多重要思想的萌芽。

---

① 张华夏、张志林：《从科学与技术的划界来看技术哲学的研究纲领》，《自然辩证法研究》2001 年第 2 期。

② 杜威：《我们怎样思维》，1911 年英文版，以下本书引文参见：第 11—12、72—77 页。

什么叫作察觉到的困难呢？在大多数情况下，察觉到的困难，就是人们在与环境的相互关系中处于一种不确定的、心神不安和进退两难的境地。"思维起源于我们最好称之为分叉的境况，即分歧的、进退两难的引导到不同方案的境况"。这个论点特别适用于技术，因为技术产生于我们在环境中或改造环境中面临的困难。进一步便是确定困难的所在，明确界定问题的范围。什么叫作困难的所在和定义呢？杜威说："解决困惑的需要是整个思想过程的经常起作用的指导因素。""问题或困难就存在于现有条件与所期望与企求的结果之间的冲突中"。在这里，他首先给问题或困难下了一个定义，即问题就是目标与现有条件之间的冲突或差距。"解决问题就是发现一个中项，将它插到目标与给定手段之间，使它们协调起来"。现代认识论、人工智能学、控制论、系统工程学、管理学、动物行为心理学都采取了杜威的这个定义。这也特别适用于技术认识论，因为技术问题就是我们改造世界的实践目标、工程项目的目标与现有条件不足以达到目标之间的矛盾，解决问题就是想出方案，想方设法加入我们的主观努力、我们的智能活动和我们的物质手段，以便达到目标。什么是各种解决方案的设想及其意义与蕴含的发挥呢？杜威指出，这里有两种推理，一种是提出"多种多样的可试探的设想方案"（第三步骤），"它的源泉是过去的经验和先前的知识"。问题就是怎样从现存的东西推理到非存在的东西。这是一种思维的"跳跃"与"思辨的冒险"。这点对技术方法论特别有用，这是一个技术上的观念创新问题，技术发明的观念是怎样出现的问题，而要为新方案作论证、作辩护，就有一个技术解释问题。另一种推理（第四步骤）是将方案设想的各种含义与结果推论出来以"表明如果某种思想被采用，则有某种结论随之而来"。这对技术方法论来说，又是一个实践推理、技术解释和技术预测的问题。什么是进一步观察、实验与选择呢？对于技术认识论来说，就是一个对各种不同技术观点、技术方案进行中间测试与模拟试验和批判性评价的问题，经过多次这样的检验评价—修正方案—再检验再评价的循环，最后导致技术方案的选择与实施。

杜威提出的解决问题的认知程序学说，是一切人类认识行为甚至是一切生物的认知行为的共同规律，它自然可以为我们提供一些基本的指标体系以比较科学认识论和技术认识论的异同。

自 20 世纪中叶以来，科学哲学和技术哲学甚至管理哲学思想的发展证实了这一点。杜威的认识程序说提出之后，有以下两个重大发展：

（1）在技术哲学和管理哲学方面的发展。20 世纪 60 年代，贝尔电话公司工程师霍尔提出了系统工程方法的三个维度和六个步骤（问题定义、目标选择、系统综合、系统分析、最优系统方案选择、计划实施），首先在技术哲学杂志上发表，后来又写成《系统工程方法论》① 一书并部分选入拉普（F. Rapp）编的《技术哲学文献》② 一书中，他的六个步骤几乎与杜威的五个步骤一一对应，并且他直言不讳地申明他的工程方法论来自杜威。而诺贝尔经济学奖获得者西蒙在《管理决策新科学》③ 一书中，以及著名管理学家卡斯特与罗森茨韦合著《组织与管理》④ 一书中也都明确指出，他们的管理方法论来自杜威，后者并将这个方法论概括为三句话："问题是什么？可供选择的方案有哪些？哪个方案最好？"

（2）同样在杜威认知程序学说的基础上，卡尔·波普尔发展出他的证伪主义科学认识程序学说。有人认为，这个学说不过是对杜威学说在逻辑上和本体论上的发挥与完善（尽管据我们所知，波普尔从来没有谈到他的学说与杜威的关系，但一个意大利的波普尔哲学研究专家考证出了波普尔哲学的杜威来源）。波普尔将科学认识

① A. D. Hall, *A Methodology for System Engineering*. Princeton N. A. Van Nostnend, 1962.

② F. Rapp（ed.）, *Contributions to A Philosophy of Technology*. D. Reidel Publishing Company, 1974.

③ H. A. Simon, *The New Science of Management Decision*（rev. ed.）. Englewood Cliffs: NJ. Prentice-Hall, 1977, pp. 34, 40.

④ E. 卡斯特、E. 罗森茨韦：《组织与管理》，傅严等译，中国社会科学出版社 1985 年版，第 407 页。

看作是解决科学问题的由图 3—2 所示的知识增长过程。

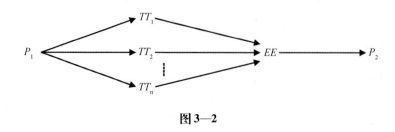

图 3—2

在此，P_1 代表问题，TT 代表试探性理论或假设，EE 代表通过实验、观察的检验和批判性的讨论来尝试排除错误（这就是他所说的对一个理论的证伪），P_2 则是通过证伪引发的新问题（完成一个理论发现或假说确认的循环）。

现在看来，对波普尔的公式，只要做出两点修正，就会既适用于科学认识论，又适用于技术认识论。这两点修正是：（1）后来科学哲学发展已经确认，要对一个理论进行完全经验的证伪如同对一个理论进行经验的证实一样是不可能的。这个命题现代科学哲学称为资料对理论的不充分的或不足够的决定性（underdetermination）。于是，理论检验问题变成理论的评价与选择问题。所以，波普尔的证伪符号 EE（error elimination），应改成 AE（assessment & valuation）。（2）由于资料对理论的不足够决定性，所以对一个理论评价的标准便是多元的或多重的，并且任何时候总有对于资料或证据是等价的多种理论同时并存，从而引发了比原初出现的问题更多更广和更深的新问题。于是在解决问题的认识循环过程中，问题繁殖起来，理论也繁殖起来，知识成指数增长，并且不断地分化。其形式如图 3—3 所示。

这个图式，很像原子弹爆炸时铀或钚元素的链式反应。这就解释了科学社会学所发现的科学知识成指数增长的经验规律，人们称为"知识爆炸"或"信息爆炸"。这个图式也正像生物进化树一样，由共同的单细胞生物祖先，为解决生存问题，通过分支发展出高级专门化的多样器官和千千万万的不同物种的动物与植物。在技术上，这个图式说明，从工具和器具的进化来说，从简单的石头和棍棒开始，为解决人类生产与生活的问题，发展出多种多样的高度专门化的形式。当代各类机器（如汽车、飞机、机床、通信设备）的发展都有自己的进化树。由此可见，科学认识论与技术认识论共同模式的研究，对技术发展规律的研究是很重要的。

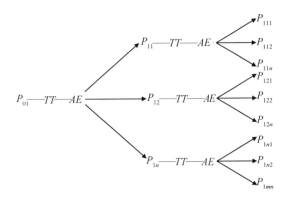

图3—3　问题的繁殖与知识的分化和增长

三　技术认识论的特有范畴

前面讲过，通过科学认识论和技术认识论（甚至包括其他认知过程）的共同模型的研究，可以找到比较科学认识论和技术认识论的共同指标，进而通过比较，我们会发现技术方法论不同于科学方法论的特有范畴。在表3—1中，我们将共同指标写在左边两栏，按此对科学与技术在认识论和方法论上进行比较，将它们主要的不同特征分别列在右边两栏中。其中技术方法方面，主要讨论的是实体性的技术。按照邦格的意见[1]，技术可以划分为两种：一类是实体性的技术，例如制造人工客体（如机器）的程序、技巧、方法和

---

[1]　M. Bunge, *Philosophy of Science*. Vol. Ⅱ. New York: Springer. 1998, p. 137.

实施，就属于这类技术。另一类是运筹技术，不涉及人工客体的制造与直接操控，如航空航线的管理，以及决策论、博弈论、运筹学所讨论的技术方法都属于运筹技术。当然还可以有第三类技术，就是社会技术，如社会改革方案的设计与实施以及社会改造工程之类。在表3—1中所谓"技术方法"主要指的是实体性技术的方法。

表3—1   **科学方法与技术方法的比较**

	杜威指标	科学方法	技术方法
问题是什么	问题的来源	背景知识中的裂缝或鸿沟：理论与实验事实的矛盾，理论之间和理论内部的矛盾	人们的实际需要或潜在需要与现实条件不能满足这些需要的矛盾
	目标	追求真理：求得精确的、全面的、经受考验的知识增长，以不断加深对现实世界及其规律的理解 （自身就是目的）	追求效用：以最小的人力取得最大的效果，求得控制、支配自然的能力不断增加，为满足人们的各种需要，不断创造各种人工物品的新现实 （自身只是手段）
	对象及焦点	客观事物是什么	人工事物怎样做
提出可供选择的方案	提出试探性方案的主要背景知识	（1）观察与经验的客观知识 （2）科学的自然定律 （3）有关事物结构的理论 （4）对这些知识的事实陈述	除左栏有关知识外，着重于： （1）各种改变事物和操控事物的技巧、技能的应用知识 （2）实践的行动规则 （3）有关事物的功能，特别是对人类的功能的知识及有关成本、效益的经济知识 （4）表达应如何做出规范陈述
	试探性方案的形式	（1）提出假说 （2）构造理论 （3）建立数学模型 }以说明世界	（1）方案设计 （2）发明新工具、新技术 （3）对各种运动形态进行综合运用 }以满足实践需要达到的目标

杜威指标		科学方法	技术方法
推出方案的可检验蕴含	推理形式	（1）归纳与演绎推理 （2）科学的解释与预言	（1）实践推理 （2）技术解释与技术预测
	推理的结论	解释或预言一种经验可检验的自然现象	解释或预言一种实用效果
对方案检验与选择	评价标准	与经验证据的一致性、理论内部的逻辑协调性、理论的简单性、理论的解释力和预言力等逼近真理标准	设计和发明的安全、耐久、可靠（特别是材料上的）、高效率（特别动力上的）、简便（特别是操作上的）、灵敏（特别是信息上的）、美观、经济、实用、环保等效用标准
	评价方法	在控制条件下进行实验与批判性的讨论	除中间试验和模拟试验外，在一定时期里试用或运用所选择的设计与发明
对方案的实施		否证或修正某些假说，确认某些假说作为新的自然规律；坚持、建立、调整或变革科学规范	旧技术的修改和新技术的传播与推广，建立技术文化的新类型或建立一种新的经济模式

从表3—1中我们可以看出，技术认识论作为一门学科主要有下列一些独特范畴。

（1）技术问题（problem）。与科学问题、知识问题和理论问题不同，技术问题不是产生于理论的内部矛盾和理论与经验之间的矛盾，而是产生于人类实际的需要或潜在的与当前条件不能满足这种需要的矛盾，要求使用工艺、材料、能源、信息等方面的技术手段来加以解决。于是什么是技术问题，它的定义和要素，它的产生、发展和意义，它的分类和识别，什么是真技术问题，什么是假技术问题，什么是新技术问题，什么是老技术问题，什么是可行性技术问题，什么是不可行技术问题，技术问题与经济问题、社会问题或政治问题的区别与联系等便进入我们的视野。

（2）技术功效（efficiency）。科学追求真理性，技术追求有效性。于是，有效性之于技术认识论便成了一个相当于真理在科学认识中具有的那种地位。技术追求的有效性产生了表3—1中给出的安全、实用、经济、耐久、可靠、高效、简便、美观、环保等一系列评价技术和发明的指标，成为一种技术是否成功的标志。而且，这种有效性还成了辨别"技术规则"或"操作原理"是有效还是无效的标准，成为它的"值"（二值、三值还是多值）而进入技术逻辑的领域。因此技术有效性范畴的含义是什么，它是如何测量的，单有主观效用这个偏好（preference）的概念是否能说明技术的有效性，它是如何组成、如何确定、如何分类的，它与技术客体的功能概念又有何关系，它在技术发展和技术进步中以及人类文明中起了什么作用等问题也相继进入我们的视野。

（3）技术设计（design）。假说被提出来是要说明一种已经现实存在的现象，而设计是要说明如何构造一个尚未存在的人工客体，它是技术认识论的中心概念之一。有人认为，参见第一章第二节技术设计由两个部分所组成，一个是"操作原理"（operational princple，又可译为运行原理），它说明某个装置是怎样工作的，某个装置的各个组成部分怎样组合起来实现它的有效性功能。另一个是"具体型构"，说明那一种装置的形状、结构与组织形式。只有凭借具体型构，人们才能实现所预想的操作原理，达到工程的目标、任务和指标。操作原理与具体型构是工程知识与科学知识区分的最主要、最明显的标志之一。

（4）技术发明（invention）。发明有它的方法论。发明一个新装置、新技术，除了需要天才灵感与机遇之外，还需要有怎样的方法与程序呢？它的条件又是什么呢？有关这个技术创新的热门话题，已经出了成百上千本书，现在到了应该纳入技术认识论的体系中进行研究的时候了。波普尔写过一本《科学发现的逻辑》，而《技术发明的逻辑》一书尚未有人写出来。

（5）技术解释（explanation）和技术预测（forecast）的逻辑。科学只作事实判断，说明事实的情况是什么，它不作规范判断或规范陈述；而技术目标、技术判断、技术规则、操作原理除了某些方面可以用事实陈述的形式表达之外，一般地还要使用规范陈述来表达，以说明技术上应该怎样做。这就产生了一个技术推理的形式问题：技术问题的解决怎样使用实践推理来进行？提出一个技术方案，说明我们应该怎样做。当我们要为它辩护时，我们常常援引其他技术规则，特别是要援引科学的定律和某部分的科学理论对之进行解释。这就发生了一个如何用科学中的"是什么"来解释技术上"应怎么做"的问题。而根据休谟定理，从"是"是不能推出"应该"的，科学哲学常用的 D N 解释模型因而在此失效了。于是技术解释的模型和推理规则是什么？与此相应的技术预测的逻辑和技术检验的逻辑又是什么？关于这个问题，邦格说它是"技术哲学的中心问题"①。

（6）技术评价（assessment）。技术评价有着与科学理论评价很不相同的指标体系、方法步骤与论证方式。

（7）技术实施（performance）与技术进化（evolution）。一种有功效的技术方式的实施与传播会创造出一种技术文化的类型。如罗马的建筑文化、中国的饮食文化、当代电脑文化、电子商务文化等。这相当于库恩（T. S. Kuhn）所说的"范式"。科学范式的转变被认为是不可通约的，但技术范式的转变、技术文化的迁移有着一种又连续又间断的过程。中医与西医，在理论体系上是不可通约（不可公度）的，但它们的医疗技术效果上是可通约（可公度）的。中餐与西餐，如果有理论指导的话，在理论体系上是不可公度的，但在饮食效果上是可公度的。

---

① M. Bunge, *Philosophy of Science*, Vol. Ⅱ. New York：Springer. 1998, p. 147.

　　总之，我们通过对科学与技术的比较，得出这样的结论：技术认识论不仅要研究人类一般的认知规律在技术认识和技术实践中的具体表现，而且要特别注意研究技术认识论本身的特有范畴，本文提出了以上所述的七个特有范畴。

第四章

技术陈述的性质和
技术认识的逻辑基础

技术解释问题，属于技术认识论和方法论问题。关于这个问题的研究状况，陈昌曙教授在他的著作《技术哲学引论》中写道："至今不仅未见专著，专论文章也很少，技术方法论的基本内容和体系结构尚未成为学界议题。"至于他的书，陈教授很谦虚地写道："作技术哲学引论，本应有专章来阐述'技术认识论和方法论'，但终因缺乏积累不能如愿，只能在这一节里讲点关于技术方法论的意见。"① 在此，我们至多也只能对技术方法论的某些个别问题，主要技术解释问题发表一点意见，这就是为什么本书只重点讨论技术解释问题的原因。

一　技术解释的重要性及其认识论基础

技术认识论这个学科本身有一系列基本的范畴，如技术问题、技术功效、技术设计、技术发明、技术解释、技术预言、技术评价、技术实施、技术革新与技术革命等。其中技术解释处于一个非常重要的地位。这是因为技术的主要目的并不在于求得关于客观事物的知识，而是求得客观事物以及人工事物的效用，以满足人们的

---

① 陈昌曙:《技术哲学引论》，科学出版社 1999 年版，第 183 页。

现实需要。自从人类越过了采集时代，技术的主要手段便是设计、发明和检验各种人工客体（又称技术人工客体），利用它们的功能（function），满足人们不断增长的物质文化需要。任何技术问题的本质，就是人们的某项实际需要与当前现实条件不能满足这项需要的矛盾，而解决任何技术问题的出发点就是要调查和明确我们的现实条件可能满足的需要是什么。通常它是从定义一种商业要求、军事要求或自身就是一种技术机会开始的。这些需要、要求或需求就表现为我们将要设计、发明的那种技术的实践功能是什么。比如第二次世界大战中美国曼哈顿计划就是需要制造原子弹并将它投到日本本土。于是技术的要求就是这个技术客体，更准确地说，这些技术客体组成的系统，要有巨大爆炸力和杀伤力的功能，并将它带到日本去发挥作用。于是技术认识论的第一个问题就是要将所想要的功能分解为一系列相互联系的子功能，并将这些子功能联结成总体功能，在现代工业中这通常是非常制度化和专业化的东西。第二个问题就是要设计发明和制造出各种各样的人工客体、使它们分别具有这一系列子功能，并对它们何以有这些功能进行论证。例如，要用什么样的放射性材料才能具备核子爆炸所需要的链式反应的功能？又用什么方法才能从大量的铀矿中制造出几十磅至几百磅这样的 ^{235}U 材料？也就是说用什么人工客体、人工过程使某个制造厂具有提炼出 ^{235}U 的功能？又用什么容器、什么方法将这些核燃料装进去使之具有封闭的功能？还有用什么装置使这个密封的原子弹具有起爆的功能？并且要发明一种什么样的大飞机以运载原子弹于高射炮火力所不能达到的 3 万英尺（9144 米）高的高空上飞行从而具有安全投放原子弹的功能？而所有这些发明和设计何以有这些功能？我们应该通过什么样的方法来达到最优化的解决？这是一个决策方法论或决策逻辑问题暂且留在第四节进行讨论，作为整个技术认识论的方法论基础。不过这里从功能及其分解到发明设计及其论证，都贯穿了一系列技术解释问题。即我们如何用科学原理或科学规律来解释我们的技术装置及其运行的操作原理（operational principle，又可译为运行原理）？我们如何用我们的运行原理来解释我们这些技术装置的组成结构及其操作规则或技术规则？我们如何用这些操作规则来解释技术人员或工作人员的行为？并且，我们所要求的功能是如何得到实现的？例如，我们如何用核物理关于某种放射性元素在一定条件下具有链式反应的科学原理来解释原子弹的运作原理呢？又如何用原子弹的运作原理来解释它的组成与结构为什么要这样做及其操作规则呢？又如何用这些操作规则去解释曼哈顿计划参加者们的各种行为以及我们所要求的总体功能是如何得到实现的呢？这里归根到底是一个与科学解释很不相同的行为解释问题，它被解释的不是某一种自然现象是什么，而是某种人工事物怎样做，为什么应该这样做，这样做的结果会产生一些什么样的人造物，它对人们的需要起了什么样的作用，又反过来对自然界产生什么影响。当然，技术认识论的主要问题不仅是技术解释问题，另一个可能更加重要的问题是技术发明问题，可是技术发明是一个很复杂的过程。这个过程有一部分不接受逻辑分析（例如天才、机遇、灵感等心理因素）。有一部分接受逻辑分析和方法论分析并具有某种算法的因素。而这一部分思维过程在相当大的程度上可看作是技术解释的逆运算，即因为某种人工客体的物理结构最有效地解释了它的功能的出现，而这种功能正是我们所需要的，选择这种结构。不过掌握大量的各种各样的技术解释知识又是技术发明的必要，虽然不是充分的条件。正因为如此，我们选择技术解释作为我们具体研究技术认识论的一个突破口。不过要讨论技术解释问题，必须搞清楚它的语言分析基础和逻辑方法基础。所以下一节讨论的技术陈述的性质及类型就是要讨论技术解释的语言分析基础。

二 技术陈述的性质与类型

为了研究技术解释，首先需要弄清技术陈述的性质与类型，因为解释就是这些陈述之间的一种相互关系。有关技术陈述，我们至少可以分为下列几种类型加以分析。

1. 技术行动目标陈述

技术行动或技术行为是有目的性的行为。因此，如要表达技术，首先需要技术行动的目标陈述，它表述行动的目的、意向、企图等。通常它需要用意向的或规范的陈述（如命题 a_1）来表示，但似乎也可以用描述的或事实的陈述（如命题 a'_1）来表示。

（a_1）1942 年美国想要制造一颗原子弹。

（b_1）我计划到太原参加第九次全国技术哲学讨论会。

（c_1）陈医生必须为胃癌患者 A 君做切除肿瘤手术。

（d_1）这只虎企图捕捉住一只野鹿。

以上表示的是意向性的或规范性的陈述。如果用描述的或事实的陈述来表示，似乎有：

（a'_1）1942 年美国制造原子弹是美国整个战略目标的一个组成部分。

（b'_1）到太原开会是我今年计划的一个组成部分。

（c_1'）给胃癌患者开刀是陈医生责任的一个组成部分。

（d_1'）这只野鹿是那只老虎捕捉的目标。

在以上的例子中，（d_1）与（d'_1）涉及广义目的性或非人类的生物的目的、意向，在此我们暂且不谈（参见第七章）。现在我们的问题是：对于人类的目的、意图、企图等主观的或心理的东西，我们能否采取描述性的陈述呢？我们认为应该是可能的。例如，对于人类伦理行为的研究，除了有规范的伦理学之外，还有描述的伦理学（desctriptive ethics），人类学和进化伦理学不就是已将人类的伦理当作是一个客观的事实，描述它的特征起源与进化吗？经济学不是对消费者的意图与偏好做了客观的描述性的分析，从而找出它的规律吗？不过请注意，这些学科及其对目的与意向的描述性陈述有如下的特征：①它不是从内涵上陈述它的内容，而是从外延上说明它的存在与范围；不是从内部分析这些意向，而是将意向当作一个既定事实，用范畴与概念将它固定起来，包裹起来，只从外部考察它的起源与作用。②它不是关于目的、意向、计划的一阶陈述，而是关于目的、意向、计划的二阶陈述。如果（a）"X 想要制造原子弹"是一阶陈述，它就必定要用规范的意向的命题来加以表达。这个规范句可以表达为（a）= $P(x)$；这里 $P(x)$ 是意向谓词。但这里的描述语句（a′）表达为"X 制造原子弹是它的总体战略目标的一个部分"，即 "x 的目的 ⊂ 0"（这里 0 表示目标）。它是一个二阶陈述，即 $F[P(x)]$，这里 F 表示"属于它的总体目标"，它不是意向谓词而是描述谓词。所以 a′，b′，c′ 三个描述性的行动目标语句，是以规范性、意向性描述为基础的，因而不是纯描述性语句，因为它出现了目的、责任、计划这些意向词和规范词。这些词在纯描述性语句中，如，在自然科学中，是不出现的。所以对技术行为目标的基本陈述是规范陈述而不是描述陈述，或者说，在这里和在其他领域的有目的性行为一样，有关目的的"是"陈述，总是暗含了低一个层次的"应"陈述。有些道德哲学家和技术哲学家由此而产生了一些幻想，以为目的性陈述可以填平实然／应然的鸿沟，借助于它"应"陈述可以从"是"陈述中演绎地推出或者相反。如有这样一个推理，其前提：①理性人的目的是实现自己利益的最大化。②我是一个理性人。其结论：③所以，我应该为实现我的最大利益而奋斗。这似乎是从①与②的"是"陈述推出③的"应"陈述，但实际情况不是这样。"理性人的目的是实现自己利益的最大化"这句话并非单纯的"是"陈述。因为所谓"目的"，就是他"意愿"或"想要"的东西，用"意愿"或"想要"将概念连接起来，如同用"应该""必须"将概念连接起来一样，所构成的句子是规范陈述而不是描述陈述。所以，理性人的应然结论不是纯粹由实然的前提推导出来的。在应然结论之上，必须有一个应然的前提。有些哲学家，例如，中国台湾的盛庆琜教授强调目的性陈述以及理性决策既是描述的，又是规范的。[①] 依我们的解释，所谓是描述的，就是描述了行动者的性质是什么，它的目的的值设定为什么。所谓规范的，就是行动者按这个目标规范自己的行动，包含一种价值判断，说明什么东西对于他们才是有价值的。这个观点显然是正确的。但是，如果这样，则目的性陈述是"是"陈述与"应"陈述的合取。这样，运用目的性概念推出来的一切结论，都不可能从单纯的"是"陈述推论或过渡到"应"陈述。所以，不能因为目的性陈述既是描述的又是规范的，就认为它填平了"是"与"应该"的逻辑鸿沟。恰恰相反，目的性陈述将某个"是"陈述与"应"陈述的合取式视作是一切包含"是"陈述又包含"应"陈述的推理的公理，即最初前提，所以它事实上不是填平了，而是肯定了"是"与"应"的逻辑鸿沟。目的性陈述 0 (x)，在一阶逻辑语言中，通常表述为

$$0(x) \overset{=}{df} \exists (x) [F(x) \& P(x)]$$

这里 $F(x)$ 是 x 的事实陈述，说明什么是 x 的性质；而 $P(x)$ 是规范陈述，说明 x "想要"什么，按什么来规范自己的行动，如人的功利目的可以表述为 x 的本性是自私的以及 x 想要追求自己利益的最大化。$0(x)$ 不能表述为

$$0(x) = \forall (x) [F(x) \rightarrow P(x)]$$

即不能表述为 x 事实上是什么蕴含 x 想要什么（即不能从 x 的人性是自利的推出 x 想要追求自己利益的最大化。因为他有自由意志，可以违反自己的天性行事）。

2. 作为达到目标的手段的技术行为陈述

人们的技术行为，例如设计、制造、使用工具和其他各种装置

---

① 盛庆珠：《实然／应然鸿沟：自然主义与效用主义》，《华南师范大学学报》2002年第3期。

等，都是有目的的行为，在现代，大多数技术行为是理性的，即在一定的经过检验的理性知识和经验知识指导下进行并尽最大可能达到目标的，对于这些行为的表达，也有两种陈述，即规范的陈述和描述的陈述。

（a_2）1943 年美国核科学家和工程师们应该提炼出几十磅^{235}U 材料。

（b_2）我应该于 2002 年 10 月 11 日乘坐飞机从广州到太原开会。

（c_2）陈医生应该对 A 君的胃做彻底的 CT 检查。

（d_2）那只被追捕的野鹿必须拼命逃跑。

请注意：这些规范陈述，是休谟关于"ought to"陈述的典型，都在本体论上预设了一个目标的存在，在语义学和语用学上预设了一个目标陈述的存在。如果将这些技术行为的目标明确地而不是暗含地表述出来，上述的语句便有了如下的标准形式：

（a_2'）1943 年美国核科学家和工程师们，为了要制造原子弹，他们应该提炼出几十磅^{235}U 材料。

（b_2'）为了及时到太原开会，我应该于 2002 年 10 月 11 日乘坐飞机从广州到太原。

（c_2'）为了治疗 A 君的严重胃病，陈医生应该对 A 君的胃做彻底的 CT 检查。

（d_2'）为了活命的目的，那只被追捕的野鹿必须拼命奔跑。

所以，"应该"一词，本来就是相对于"目的"而言。孙中山遗嘱中说道"余致力国民革命凡四十年"，这是他认为自己应该做的。为什么呢？"其目的在求中国之自由平等"。他接着说："积四十年之经验，深知欲达到此目的，必须唤起民众及联合世界上以平等待我之民族，共同奋斗。"后面这句"必须"的话，也是休谟"ought to"的典型，也是相应于"欲达到此目的"来说的。当然孙中山说的是一种社会技术行为，不是我们讨论的重点，不过这里表达的"应该"与"目的"的关系是最为明显的。所谓"应该"是建立在一个目的本身的肯定之上，无"目的"则无所谓"应该"。

有些分析哲学家，将有关"应该"的陈述，只看作是一种"态度"、一种"感情"、一种行为的"约束"与"契约"的遵守，于是对它们的根源便不能有很好的分析了。

当然，对于行为的陈述，我们可以采取行为主义的方法来加以描述，将行为"目的"暂时悬置起来。待到我们要对行为进行解释时，再将它引进。这样做也是无可厚非的，不过我们应注意对行为的目的论的解释这个工作是绝对不能缺少的，如果忽略了行为目标，我们可以对这些技术行为作描述的或事实的陈述。

（a_2''）1943 年美国科学家和工人们，是在他们的核原材工厂中提炼出几十磅铀^{235}材料的。

（b_2''）我是乘坐 2002 年 10 月 11 日的飞机从广州到太原去的。

（c_2''）陈医生是在为 A 君的胃部做 CT 检查。

（d_2''）那只野鹿是在拼命奔跑。

这完全是行为主义的陈述，在这些事实陈述中，没有目的，没有意向，没有企图。它所描述的，正是"人与自然之间的物质、能量、信息的转换过程"[1]。在这里人"作为一种自然力"而起作用[2]。这是一种纯粹事实描述的陈述，不过它仍然与自然科学的事实陈述不同：

（1）它不是单一的自然属性变量的函数：$f(N_1, N_2, N_3\cdots)$；而是人的属性与自然属性这两类变量的函数；$f(N_1, N_2, N_3\cdots; H_1, H_2, \cdots)$。

（2）一旦要对这种人类技术行为的描述陈述进行解释，就必须引进包含目的、意向、信念、规范这些范畴及其组成的规范陈述。简单说来，因为他应该这样行动或他只有这样行动才能达到目的；而为了履行他的义务，达到目的，所以他实际上这样行动了。这个由"应该"推出（尽管不是演绎地推出）"实然"的推理叫作实用

---

① 陈红兵、陈昌曙：《关于"技术是什么"的对话》，《自然辩证法研究》2001 年第 4 期。

② 马克思：《资本论》第一卷，《马克思恩格斯全集》（第 23 卷），北京人民出版社 1972 年版，第 410 页。

推理（pragmatic syllogism）或实践推理（practical reasoning syllogism）。第五章我们将详细地讨论这种推理。

3. 行动规则（rules of action）陈述

人类的行动，特别是技术活动，是根据一定的行动规则行事的，各种工厂都给工人规定长长的操作规程，甚至要经过长时间的培训来使工人掌握这些行动规则。医生给病人开刀之前一定要先戴手套，穿上白大褂，并且预先准备好各种手术工具和设备，这就是一种行动规则。下棋是一种技术，棋手的行为必须遵守这些规则，至于足球员的行为，不能犯规，否则裁判要吹罚，这是"游戏的规则"。连餐馆的前台服务员穿什么衣服，站在什么位置，给顾客的碗里盛汤时采取一种什么姿势都有一定的行动规则。而吃西餐，叉怎样放，刀怎样放，汤怎样喝等都有一套行为规则。这些行动规则或者来自经验的总结，或者来自知识的启发，或者来自约定俗成和社会的建构，甚至来自本能。这样，依据行为规则的目的与性质，技术行为规则便可以划分为几种不同的类型，从发生学上看可分为：①来自科学分析的规则。如医院中实行的一套消毒规程，来自法国医学家巴斯德对于微生物存在的科学分析。②来自纯粹经验的概括的技术规则。例如烤火时不要将手伸进火堆里去，这规则是从孩提时的经验中概括起来的。③来自一定的宗教与文化的技术规则。例如原始部落在久旱未雨之时跳起一种求雨的舞蹈，许多日本钢铁厂在冶炼出第一炉钢之前也须跳一种舞蹈。④来自约定俗成和社会建构的规则。如足球规则、象棋规则、各种社会活动的礼仪规则。⑤来自本能的行为规则。如口渴要饮水，饥饿要觅食，疲倦要睡眠。在这些发生学上的不同行为规则中，我们要特别注意的是那些以科学为基础的行为规则。从行为规则与行为目的的关系来看，它原则上可以划分为：①决定性的行为规则：有些行为规则对于达到目的来说是决定性的，即如果人们的行为完全实现行为规则的要求，则行为的目的必然达到。这种规则被称作决定性技术行为规则。②概率性的行为规则：有些行为规则即使完全能不打折扣地实现，对于达到目的来说，都只能是概率性的。比如即使完全按照巴斯德的消毒方法去护理病人，也只能使病人伤口受感染的概率下降而已。这种行为规则是概率性行为规则。③调节性的行为规则。对于一个特定的行动目标来说，有一些行动规则并不是对于达到这个特定目的有特别的关系，但它改变了追求实现目标的技术行为的色彩，使之具有美学的、文明的或心理的效应。许多礼仪的行为规则，大概起到这种作用，如剪彩之类。

这样看来，行为规则的陈述是一个很复杂的问题，一般说来，作为规则并没有真假之分，只有有效用无效用之别，而且这个有效用无效用之别在许多情况下是一个程度的问题。

下面我们给出一些与上面所举的例子相对应的行为规则：

（a_3）如果想要制造原子弹，则必须准备足够的核燃料。而运输这些材料，必须严格保密。在这里第一句话陈述的是来自科学分析的行为规则，第二句话陈述的是来自社会建构的行为规则。前者是有自然效应的行为规则，后者是有社会效应的行为规则。

（b_3）如果想即日从广州到太原，则必须乘坐飞机。而登机之前，必须接受安全检查；如果排除飞机失事这样的可能性，则第一句话是决定性行为规则陈述，第二句话则是社会建构性行为规则陈述。

（c_3）医生在给癌症病人开刀之前，必须准确地检查出癌症组织所在的位置。而开刀之后，必须缝好伤口。对于治疗癌症病人来说，这些行为规则都是概率性行为规则。

（d_3）为了要逃过捕食者的追捕，野鹿必须发展出它的奔跑技能：这是本能性行为规则。

行动规则的标准表述式是要说明为了达到预期的目的人们应该怎样行动。它由一系列行动指令（command）构成，并形成一种行为的规范（norm），并且不用单称陈述而用某种范围的全称陈述来表示，以使其规范带有一定的普适性。行为规则不像自然规律，它的论域是人类行动而不是自然事件，它是人类行为状态的规范而不是自然事件的状态空间的约束,它是目的定向而不是原因定向的。因此,它的典型的语言表达是规范的、命令的陈述而不是描述性的陈述,它不具有真假值而具有有效值(effectiveness value)。当然,要说明行为规则有效用性的根源,还得依靠因果律与其他自然规律对之进行解释。这就发生一个如何由科学上的"实然"陈述导出(当然不是演绎地推出)技术上的"应然"陈述的问题。

4. 技术客体的结构陈述与功能陈述

马克思说过,自然界不会创造火车头和蒸汽机,它是人类智力物化的产物。但是人类一旦创造和生产了各种工具、设备、机器、厂房等人工物品,它们便成技术客体进入了"人工世界"。它们不但可以成为人们客观地进行描述的对象,并且可以成为异己的、"异化的"力量作用于我们。那么对于技术客体的陈述是不是完全是描述性的事实陈述呢?如果是,这种描述性的事实陈述与自然科学的描述陈述和事实陈述是不是毫无区别呢?近年来,Delft 理工大学克罗斯(P. kroes)连续发表哲学论文讨论技术客体的结构陈述和技术客体的功能陈述问题。并提出"必须发展一种关于技术功能的认识论"[①]。不过,我们认为,他对于结构、功能概念的分析过分烦琐而且抓不住要领,因此这里尝试做出一种重新的表达。

从系统科学的观点看,一个系统内部的组成及其相互关系称为结构,而系统在与外界环境相互关系中所呈现的变化、所具有的能力、所表现的行为称为该系统的功能。结构是从系统的内部变量看的,而功能是从外部变量,即输入与输出的变量看的。依此来看,辐射阳光是太阳的功能,为生命提供能源也是它的功能(这可以叫物理因果性功能)。保存物种的生命,使之代代相传是 DNA 的功能,泵血以维持生命是心脏的功能(这应该称为生命的目的性功能,科学哲学的功能解释就建立在这个基础上)。我们所说的技术

---

① P. A. Kroes, Technological Esplanations: The Relation Between Structure and Function of Technological Objects, Techne. 1998, 3 (3).

客体的功能指的是以技术客体作为系统，以人类作为这个系统的环境来确定的功能。于是这个技术客体系统怎样由人生产出来以满足人的需要，它对人们发挥什么作用或对人来说具有什么能力，就成为技术客体系统的功能。于是在广岛具有极大杀伤力便是第一颗投下日本的原子弹的功能；具有极高运输能力和投弹能力便是 B29 轰炸机的技术功能；炸弹的雷管具有引爆功能也是一种技术功能。这些都是技术功能的实例。总之，一个装置的外部表现凡是直接或间接地可以追溯到满足客体制造者、使用者、操控者以及有关人们的需要，无论其满足的程度如何都可称为技术客体的技术功能。它是哲学对"功能"这个概念分析中的第三种功能：实践功能。许多技术客体的名称，就是从它与人的关系中，在人类行为的语境中给出的。如驾驶盘、汤匙、秋千、复印机、收音机、电视机等。这些都是技术功能名称。因此，撇开与人的关系来对技术客体系统的物理性质、关系进行内部分析与描述，便称为技术客体的"结构陈述"。它基本上可运用自然科学的语言和语词来进行描述，如一部汽车的重量、燃料消耗、外形、运行的阻力等就是这种描述。这种结构陈述的特点是对客体系统内部的不依赖于主体的自然属性进行无价值评价的描述。所以完全属于事实判断或描述性陈述。但是功能描述则不同，它是对技术客体的与人的需要相关的外部作用的描述，所以是完全可以作价值评价的。这样，技术客体的功能陈述与结构陈述不同：

（1）结构陈述所涉及的变量只是自然变量，而功能陈述所涉及的变量是自然变量（N_1，N_2，…）与人为变量（H_1，H_2，…）两者，于是它的陈述形式和人类行为的描述形式一样是 F（N_1，N_2，…;H_1，H_2，…）。

（2）结构陈述是不作价值评价的，如，不能说 ^{235}U 的原子好的还是坏的。结构一旦做出这种价值评价，它就成了功能陈述，如，^{235}U 原子对制造原子弹来说是一种很好的原子材料，这种陈述就是功能陈述。当然人工客体结构陈述中，也用了许多功能概念，如汽缸、活塞等，这些概念是可作价值评价的。如"这个汽缸很好"，不过在结构陈述中，这些功能概念原则上可还原为纯粹结构陈述。如"汽缸"可以还原为"一个特定材料和特定几何形状的圆筒，中间耦合了一个可活动的扁平圆柱体平板（活塞）"等。一旦它还原为结构描述便不作价值评价了。而与结构陈述不同，功能陈述是可作价值评价的，而且由于人们在技术上必须给出人工客体的功能以规范性的标准，以便使工业生产标准化。例如，我们的电视产品说明书给它的功能规定种种标准，如图像的像素、清晰度、音响的灵敏度、分辨率等，这样，功能的陈述就变成了规范性陈述。于是便产生了一个解释逻辑上的困难，人们为了获得一定的技术客体的功能，设计和制造一个客体的结构，这个结构只要是成功的，就能够实现我们所需的功能。但是在逻辑上技术客体结构陈述与功能陈述是不同性质的陈述，前者不能推出后者，描述不能推出规范。那么如果用技术结构来解释技术功能，这是一种什么样的解释逻辑呢？

5. 技术客体的运行原理陈述

运行原理所说明的是某种人工装置是怎样进行工作的。它与上面所说的行为规则不同，后者讨论的是人类行为的一种约束以及人对物之间相互关系的约束。而运行原理或操作原理讨论的是人工客体之间或人工客体的组成部分之间有一种怎样的关系，服从一种怎样的原理才能使这个人工装置具有人们所希望的功能和达到人们所希望的目的。例如飞机运行原理是燃料推动和空气阻力引起的上升力与飞机重量之间的平衡原理；扬声器的运作原理是电子管或晶体管的栅极电压的微小变化引起板极电压巨大变化的原理；中央空调的自动控温的运作原理是反馈原理等。这些操作原理就是所谓技术科学的基本规律，是工程科学的主要研究对象，并组成技术科学的理论体系。自然科学并不研究这些规律，数学家和哲学家波罗尼说："力学并不告诉我们机械是什么以及它是怎样运作的。"于是便产生了自然科学规律与技术科学规律的关系问题以及如何运用自然科学来解释技术科学，运用自然规律来解释技术规律问题。

这样，在语言上，在技术领域中我们有六种陈述：技术行动目标陈述，技术行为陈述、技术行为规则陈述、技术客体结构陈述、技术客体功能陈述以及技术运作原理陈述或技术科学规律陈述。这些陈述都与科学事实陈述、科学规律陈述和科学理论陈述不同，它们大多数是规范陈述、准规范陈述或可表达为规范陈述。

三 技术认识的逻辑与方法论基础

我们在第三章中讲过，技术认识的基本方法论原则，就是杜威—波普尔的认知程序学说。这个程序可以概括为三句话：问题是什么？可供选择的方案有哪些？哪个方案最好？回答这几个问题的逻辑就是决策逻辑。20 世纪 60 年代，贝尔电话公司工程师霍尔写成了《系统工程方法论》一书，将这个一般认识程序和决策逻辑运用到工程技术领域当中，提出了技术认识程序的六个步骤：

①确定问题（problem definition）；

②目标选择（selecting objects）；

③系统综合（systems synthesis）；

④系统分析（systems analysis）；

⑤最优系统选择（selecting the optimum system）；

⑥计划实施（planning for action）。

我们现在运用一些工程技术上的典型案例来分别讨论这六个问题。

1. 确定问题

科学技术研究与人类技术行动都是从问题开始的，即从一种不确定状态（indeterminate situation）、有问题的状态开始，在这种状态下，人们有某种需要要满足、有某种目标要寻求并思考如何去满足某种需要和追求到某种目标。所以，问题就是未满足需要的一种外部表现或意识到一种目标状态与当前状态的差距。因此，要定义问题或明确问题就包括两件事：①查明一种需要；②查明达到这种需要的环境条件或可行条件。前者叫作需要研究（needs research），后者叫作环境研究（environmental research）。

需要研究当然要研究委托人、委托书对某项工程技术的开发有什么要求、有什么需要，但归根结底要研究顾客和市场有什么需要，社会的政治经济环境对系统有什么需要或要求。需要研究必须详细收集资料，并尽可能从一般需要中演绎出尽可能具体的多种多样的需要。它包括：①设计出新功能，即在已经熟悉的产品功能中新增加一些功能。例如，钟的一般功能是计时，但可以设计出新功能——报时，这就是闹钟；被子的一般功能是保暖，但可以设计出新功能——增加热量，这就是电热被；黑白电视机的一般功能是播放图像，但可以设计出新功能——彩色图像，这就是彩色电视机。②在现有功能的基础上提高功能的档次，如长寿、耐用、易操作、更安全、更有高技术标准等。例如，钢铁企业集团可以从生产普通钢提高一个档次，生产优质钢材，并进而再提高一个档次，生产不锈钢材。③降低产品价格。例如，使用新的便宜的材料、新的设计、新的制造方法以降低成本，增加社会需要。④扩大销路，如改进外观，改进形式，改进包装。例如，汽车要经常改进外观才能打开销路；所有这些都属于需要的研究，它可以用有关需要的事实陈述来加以表达。不过我们必须明确这种描述是对我们"想要的东西"、我们的"意愿"作二阶描述，是以意向性陈述为基础的。

环境研究包括物理的与技术的环境研究，看看有哪些新思想、新技术、新材料、新设计可用于满足我们的需要，还包括自然环境（气候、植物生活的状况）的研究，经济环境、政治环境和组织环境的研究；看看本工程技术项目的：资金是否充分、人力是否充足、政府是否支持以及其他社会的和个人的因素如何等。针对环境研究结果而写成的环境陈述，基本上是事实陈述。

技术认识过程中的定义问题或明确问题就是将需要研究和环境

因素的研究结合起来，从环境因素及其发展中找到满足需要的条件，并从需要的状况中找到改变环境的方向，探索过去在环境中还没有的今后能够实现的新的工程技术。

以美国1961年决定用十年时间将人送上月球并返回地面的阿波罗登月计划为例。对这个巨大的系统工程的研究首先要明确问题。这个认识步骤有两个方面：

（1）需要研究：研究将人送上月球的政治、经济、科学技术文化上的需要。在政治、经济上要实现空间竞赛，争取空间优势，提高国家威力，进行这项工程对美国完全是必要的。在科学上要了解月球上岩石的成分与种类，造成月球坑穴的原因，月球的年龄，火山活动的影踪，轰击月球陨星的数目，月球上是否有生命物质等，这个探索也是完全必要的。

（2）环境的研究。在研究了需要之后，就要研究达到这个需要的可能条件。研究的结果，认为当时已具备了下列四项条件：①已经能够发射宇宙飞船，使之进入设计轨道，这就是说，大型的运载火箭的发射技术已经成熟。②已经能够生产出在外层空间运行几个月的自动控制宇宙飞船，其推进器的操控能力相当准确。这就是说，宇宙空间中的飞船运行技术已经成熟。③已经能够确定宇宙飞船的飞行轨道。这就是弹道线路分析和轨道测量系统已经成熟。④地面与宇宙飞船的通信系统相当良好，数据相当准确。这就是说，通信系统技术已经成熟。这些就是20世纪60年代初的物理、技术环境。而经济上条件也已经成熟，国会拨款200亿美元，动用人力50万，管理的条件和立法的条件都可能具备。在需要与环境研究的基础上，管理人员和工程师便确认了系统的目标。

2. 目标选择与评价标准的确定

目标选择或目标的确定是问题定义的逻辑结果。有什么样的需要又有什么样的可能满足需要的条件就决定了我们的目标。在这里我们再次看到一种比较现实的技术行为目标，既包含一种主观的愿望，又考虑到实现这种愿望的条件，是愿望与信念的结合，是规范陈述与事实陈述的合取。正是目标选择引导到各种为达到目标的替代性方案（search for alternatives），并提供评价选择最优系统的标准。例如，它要求被选系统必须具有明确性（概念明确、具体并尽可能单一）、可计量性（尽可能做到定量分析）、适当的敏感性（即输出对输入的敏感性，以便控制输入能达到最佳的输出）等。

以阿波罗登月工程为例，有了需要和可行性条件的分析，就能确定或确证的一个目标是在十年内把人送到月球表面并安全返回地球。为了达到这个目标就有下列几个对系统的评价标准：

（1）可靠性标准。宇宙飞船设计中一般有好几万个乃至十几万个电子零件，每个零件不合格的概率虽然很小，但合起来却很大。宇宙飞船每次失败都因为某个零件发生故障，所以可靠性标准是工程自始至终必须严格加以注意的标准。

（2）稳妥性标准。只有稳妥的设计才能保证安全可靠，使飞船飞行成功。这就要求尽可能使用经过飞行检验的硬件，并使用非常巧妙的技术进行新设计，以便将设计中出现的未知数减少到最低限度，而新的设计和新的技术又必须在地面上做了大量试验才能使用。

（3）简单性标准。只有简单的设计才能最大限度减少零件、工作方式和接口。

（4）后备能力标准。一切主要功能的实现都应该有后备能力或备用方法来加以维持。特别是通信和动力系统应有备用系统，如太阳能电池不能自动打开，就应有一些装置可以用手动打开。

（5）接口设计标准。在宇宙飞行中部件与部件之间、系统与系统之间、人与人、人与机器之间的接口（又称为分界面）十分重要。

当然评价标准还包括成本、重量、各种性能制导的精度、通信跟踪的精度等。

以上就是阿波罗登月工程的目标选择和某种评价标准，它表现为一系列价值目标和价值标准。

目标的确定和评审标准的选定构成工程技术决策过程的第一个方面，它为工程师和管理人员构造一个理想系统。正如霍尔所说："系统工程师在某种意义上是个梦想家，他用在物理上和经济上可行的东西和他所期望将来能够实现的东西来描绘一幅梦幻图景。理想系统正是由一组愿望推理或者我们叫作目标来加以描述，这些目标包括重量、成本、安全性、耐久性、风险……物理的、经济的和社会的目标。"[①]

3. 系统综合

程序 1 和程序 2 向我们说明某项工程的任务是什么，必须适应什么环境，它追求的目标是什么，只解决一个 What the job is（这件工作是什么）的问题。当然这个问题很重要，因为正确地提出一个问题往往是解决问题的一半，但毕竟还没有讨论怎样解决问题，即 How to do this job（怎样做这件工作）。从系统综合开始，我们就要讨论该项工程怎样做的问题？首先就是系统综合，即根据系统的目标和标准提出一组可供选择的方案之所以叫作系统综合，是因为提出一组可供选择的方案没有逻辑通道可循，但又不是突然灵机一动的产物。一方面要从先前人类知识中经普查和综合得来；另一方面要高度发挥想象力和创造性，才能做出新设计或新的技术发明。它可以从重新组织设计的组成部分中生产出更新的设计，也可以从全新的设计中以新的方式组成新的设计，二者都包含新的技术发明。总之，系统综合的思维过程是从高度逻辑推演作用到高度心理的创造活动的整个过程。

系统综合的指导思想是发挥高度想象力和创造性，自由提出多种方案，过早对这些方案提出批判性的抨击会妨碍自由思想。总之，要将各种可能方案提出来。例如，要建立一个防空系统就要将挖防空洞、挖地铁站、建立高射炮射击阵地或用战斗机加以迎击以

---

① A. D. Hall, *A Methodology for Systems Engineering*, New York：D. Van Nostand Company, INC. , 1962.

及导弹拦截等多种可能性提出来。这在运筹学中叫作求出目标函数和决策变量的各种可行解。

以阿波罗登月工程为例。这个工程的主要任务是设计登月飞行本身，有许许多多方案可以达到这个目的。我们应该尽量将它们提出来，将它们考虑到。下面便是各种方案的列举：

（1）无交会点的直接登月方案：用足够大的叫作"新星"（NOVA）号的三节火箭将大约有 15 万磅（1 磅≈454 克）重的太空船送上太空飞向月球。当它飞近月球时，太空船会进入环绕月球的一条轨道，然后太空船开动后退火箭使太空船在月球表面软着陆。待勘探月球的任务完成后，在太空船中开动引发火箭返回地球。这个方案的优点是能减少接口的不安全性，但缺点是要制造一具比世界上动力最强的火箭"土星五号"动力大 1 倍的火箭（推动力为 13000 万磅），就像建造一座华盛顿纪念碑那样重的家伙，要它降落到它的台阶上一样。

（2）地球轨道上会合方案：用较小火箭，如现有的"土星五号"，将太空船的组成部分分开发射到地球轨道上，在太空的绕地球的轨道上将它们装配起来。这个方案的优点是所用的火箭动力小，缺点是分开发射，时间上的配合不能差之毫厘，否则太空船在天空中就会合不拢。

（3）一次会合的加油飞机方案。先送一具无人驾驶的携带液氧贮箱的加油飞机火箭进入地球轨道，然后用一具"土星五号"火箭将太空船也送上地球轨道，太空船利用加油飞机作轨道加油站。太空船和加油飞机衔接，注满火箭燃料，然后与加油飞机分离，直接飞往月球。这个方案的优点是加油飞机供给全部额外燃料，不必从发射台与太空船一起发射上去，因而可使用已有火箭，"土星五号"不必设计大火箭。其缺点是，空中加冷却液体氧是一件复杂而又危险的工作。

（4）月球表面会合方案。首先用火箭将一艘载有额外燃料和供应品的无人驾驶太空船送往月球表面，等宇航员直接飞行登陆月球后，在返航地球前加添在月球上已预备好的燃料和供应品。但问题是无法预知这些燃料和供应品在月球上是否完好无缺，另外这些燃料和供应品离载人登月船在月球上着陆的地方也可能会很远。

（5）当科学家和政府在上述四个方案中试加选择之时，一名太空署工程师 John. C. Houbelt 提出了第五个方案，即月球轨道会合方案：从地球上发射一支"土星五号"火箭，将载有三名宇航员的太空船发向月球，太空船绕月球运行，太空船再发出一艘载有两个宇航员的小登月艇，到达月球表面考察后返回太空船，丢掉登月艇开动太空船返回地球。这个方案的优点是比起直接登月可节省许多燃料和重量，缺点是在月球轨道上的对接会合存在一定风险。

这就是系统综合的阶段。

4. 系统分析

所谓系统分析，就是依照该项工程的目标和标准，对各种替代性（试探性）方案进行分析。这里所谓的分析，就是从每个方案中推演出种种推理和结论，并将这些推理和结果与工程目标进行比较，看它们在什么程度上可以实现这些目标，同时在各方案的结果之间进行比较，为下阶段最优系统的选择打下基础，将工程与各种方案的推理或结果进行比较时要求十分细心，因为一个将要实行的方案常有许多预料不到的结果。例如，美国航天飞机"挑战者10号"右侧的固体火箭发动机后部接连处密封不好（密封圈失效），致使 7 名宇航员全部遇难，所以，事先必须对系统能否达到指标做周密的分析。

我们仍以阿波罗登月工程为例来说明系统分析与比较。在系统分析阶段，工程师们对五个方案分别从技术因素、工作进展、成本费用和研制难度方面进行比较。

在技术方面，从性能、制导精度、通信跟踪方面进行比较，方案（1）最佳，而在飞行成功率方面，方案（2）、（3）最差，因为要进行几次对接，成功率仅有方案（1）的 2/3，在性能方面也很难提高。方案（5）在性能和飞行成功率上与方案（1）相等，但在通信跟踪等方面又不如方案（1）。

然而在研制的难易程度上，方案（1）要研制大型运载火箭NOVA 必须先制造一支"土星一号"，然后再制造更大的"土星"最后才做成 NOVA，要许多年才能制成，而且这样大的火箭发射时作用于发射台的爆炸当量为 1000 万磅黄色炸药，发射台的建造又是个难题方案（2）、（3）要研制"土星五号"火箭。不过这比较简单，因为现成的"土星四号"有一个空间可以放得下第五台发动机，成为"土星五号"，除此之外还要研制贮箱系统、液氢液氧传输系统、大型登月舱，以及解决太空船与无人飞行器对接等技术问题。但它们比方案（1）易行一些，而方案（5）比较简单，除"土星五号"之外，只需研究载人飞行器、登月舱和在月球轨道上的交接技术。所以比较起来，在五个方案中，方案（5）是最易行的一个。

再比较它们的工作进度和经费使用，方案（1）所需经费远远超过国会拨款 200 亿美元的经费，方案（2）、（3）也比较贵，而方案（5）所需经费据估计要比方案（2）或（3）低 10% 以上，而工作进度比方案（1）、（2）、（3）提前几个月完成。

于是根据各种指标的比较，可以得出结论，方案（5）最能确保在最短时间、最经济地完成阿波罗登月计划的全部目标，这就由系统分析阶段转入最优系统选择阶段。

5. 最优系统选择

依据系统目标和标准对各备选方案进行比较后选择其最优者，这是一个系统选择的思考过程，它不单纯是一个逻辑推理问题，而是将价值标准加于这个逻辑推理过程；它不是决策人的瞬间"拍板"行动，而是一个评价决策的过程。在评价目标只有一个定量指标，且备选方案个数不多时，容易从中确定最优者；而当备选方案很多，评价目标有多个而且彼此又有矛盾时，要选出一个对所有指标都最优的方案一般是不可能的。因此，这必须在各个指标间进行协调，使用多目标最优化的方法来选出最优系统，使用统一的计量单位来比较这些系统以求得最大者。在这里也有一系列数学模型和数学方法帮助我们进行最优选择，如微积分中的最大值最小值计算、线性规划理论以及运筹学等，而只要当备选方案的结果为不确定的时候，选择最优方案就有一个概率问题需要解决。

总之，最优系统的选择是工程技术决策过程的第二个方面，决策过程的第一个方面是前面所说的工程目标选择。

当多种方案只选择了一两种而其他的方案被淘汰掉时，如何对待那些被淘汰了的方案呢？

（1）被淘汰的方案只是在目前的情况下试探性地被淘汰，当情况环境发生变化的时候，其中某些方案很可能就是很好的候选方案。

（2）被淘汰的某些方案的组成部分可以用于改进被选择的方案，例如，香港科技大学的建校方案虽然选定了获该校建筑设计方案竞赛中第一名的图纸，但在计划施工时，许多地方参考了获得第二名的图纸上的设计。

（3）被淘汰的方案也是人们创造性思维的结果，即使被淘汰了，也是有价值的。

（4）对被淘汰方案的被拒绝理由必须客观地讲清楚，并妥善保存起来以备参考。

6. 实施计划

根据最后选定的方案组织系统的具体实施，这里还有一个继续研究的问题：如果认为问题不大就将方案略加修改，予以实施；如果发现问题很大，就重新返工，进行前面的各个步骤。

工程技术认识的逻辑程序的六个步骤之间是相互联系的，并不是单纯的单线的关系，它们之间的关系可以用图4—1与图4—2来表示。

这里，目标选择规定了一个理想系统，它由"愿望推理"（desired consequences）来表述，这也就是工程师们的最初目标（物理的、经济的、社会的目标），一如柏拉图的"理想国"、托马斯·

摩尔的"乌托邦"。但决策的另一个环节是最优系统的选择，它是从诸多可行方案中挑选出来的，所以它完全用一种"实际推理"（actual consequances）来描述的，我们来看看图4—2连接折中目标、目标选择和评介推理组成的第一个反馈环。开始时没有什么东西可以拿来作比较、作参照、作折中，于是从情景描述，即需要研究和环境研究直接到达目标选择，产生了理想的系统，经过愿望推理和实际推理相结合的评价推理再与情景描述结合，产生了调和、折中的目标，修正"目标选择"。目标是系统综合的逻辑基础，它包含了决策的标准，系统综合创造了大量具有可行性的系统，经过系统分析，将它们与实际推理和愿望推理相比较，在第二个反馈环中产生出最优系统。它最终由评价推理（evaluating consequences）来加以决定，如果这个最优系统足够好，那么整个过程结束，将结果输出到另一个层次系统中去加以执行或加以再评价。如果这个最优系统不够好，那么就应重新综合出更好的系统，或者修改原来的目标，修改目标后又重新开始综合分析、比较择优的过程，这就是连接第一个反馈环与第二个反馈环的第三个反馈环。

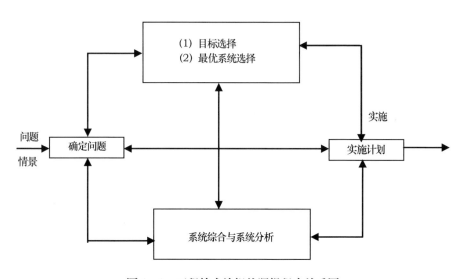

图4—1　工程技术认识的逻辑程序关系图

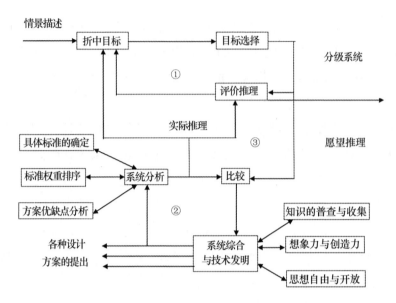

情景描述

折中目标 → 目标选择

分级系统

①

评价推理

实际推理

③

愿望推理

具体标准的确定

标准权重排序

系统分析

比较

方案优缺点分析

②

各种设计
方案的提出

系统综合
与技术发明

知识的普查与收集

想象力与创造力

思想自由与开放

图4—2 技术认识的逻辑程序反馈环

以上就是技术认识论的逻辑与方法论基础,这个逻辑方法论基础主要是决策逻辑,特别是有关人们行动的实践推理,这里无论是愿望推理,还是实际推理和评价推理,都是在第五章我们要讨论到的实践推理。技术解释大多数都是这种实践推理的表现形式。

第五章

技术行为与技术规则的解释逻辑

　　科学解释的论域是自然现象。换言之，科学解释首先要说明一种自然的现象，说明它依照一种什么样规律或因果机制而出现，并进而对这些规律或因果机制进行解释，说明它怎样由于高层次的规律或因果机制而出现。尽管人们对于科学解释的性质与形式有许多分歧，但有一点是共同的，就是他们讨论的场域或论域（field）是相同的，这就是自然事件与自然现象。但是技术解释却与此不同，它的论域或场域不是一种自然现象，而是人们的一种旨在改变自然或改变社会的实践行为。技术解释首先要说明的是，为什么人们应该采取某种技术的行为，怎样用人们的技术规则来规范人们的技术行为，才能达到人们预期的目的。它旨在用目的——手段机制来说明人的技术行为，又用一种更高层次的解释与理解，包括人们对自然事物和人工事物的因果性和功能性的理解，来说明人们为什么要采取某种技术规则来规范人们的行为才能达到人们预期的目的。一句话，科学解释要解决的问题是认知理性和判断理性的问题，而技术解释要解决的问题则是意志理性和实践理性的问题。而技术解释问题，首先可以划分为对技术行为的解释和对技术规则的解释，然后进一步对人们的技术行为的结果所造成的人工事物、人工过程、人工组织的结构与功能进行解释。本章主要讨论技术行为和行为的技术规则的解释问题，下一章主要讨论人工客体的结构解释和功能解释问题。这两章构成了技术解释的核心。

一 技术行为的解释

技术是人类为达到实践目标的智能体系，人们设计、制造、调整、运作和监控各种人工事物及人工过程的知识、方法、技能就是这种智能体系的基本组成部分。因此，设计、制造、使用、监控各种人工事物、人工过程的有目的的行为就是人类的技术行为。

技术行为，因为它要达到一定的目标，实现一定的意愿，表现出一定的意志以及对未来状态的要求，因此它通常要用一种规范的（normative）、意向的（intentional）陈述来表示。这些陈述中总是带有一种"某某人要……""某某人意愿……""某某人必须……""某某人应该……"这样一些在纯粹描述陈述中不出现的词。因此，只要不忽略技术行为的目标，技术行为的描述就形如下列句子所示的那样：

"1943年美国科学家为了制造原子弹，他们提炼出几十磅^{235}U核燃料"

"我应该准时于2005年10月12日乘坐飞机到达某城市参加学术会议"。

这里第一句话讲的是过去的技术行为，第二句话讲的是未来的技术行为。正如我们在第四章中指出，只有当我们忽略行为的目标时，我们才能对技术行为及其后果进行事物的描述，如1943年美国科学家和工程师正在田纳西州提炼一种^{235}U核燃料等，但一旦我们要对这种行为进行解释时，行为的目标是不能忽略的。

在技术上，为什么要采取某种行为或某种行动？为什么要提炼核燃料，为什么他急急忙忙要跑到飞机场去？为什么他要到医院做肺部的CT检查？为了解释这些行为，通常至少有两项作为解释者：第一项是意愿或动机项，说明行为的目标、企图与动机，第二项是信念项，说明行为者对行为规则、行为方法、行为手段能达到目标的信念。这样，为什么要采取某项行动（action）便用它的意愿

（desire）和信念（belief）来加以解释。逻辑学家冯·赖特（Von Wright）（1971）以及哲学家马奇（J. L. Mackie）（1974）提出了一个著名的解释模型。① 我们可以称这个模型为关于行为的意愿/信念解释模型，简称为 DB 模型。DB 模型的冯·赖特表达式如下：

（1）行动者 A 意愿要达到 G；

（2）A 相信除非他采取 K 的行动，否则无法达到 G；

……

（3）所以，A 采取 K 的行动。

这是一个行为解释，而从意愿/信念陈述到行动的陈述也是一种推理，名为实践推理（pragmatic syllogism）。我们将体现这种推理的 DB 模型的冯·赖特表达式记作 $[DB]_w$。现在，这种推理及其改进，已经成为社会科学解释或社会行为解释的基础。社会科学哲学家们发现，马克斯·韦伯的《新教伦理与资本主义精神》就是用新教徒的节制有度、辛勤致富、尽忠上帝职守的赎罪的意愿和信念来解释导致 17 世纪欧洲前资本主义的没落和资本主义兴起的人们的行为。这是社会学对人们的资本主义行为的一种解释。在经济学方面，边际效用学说，就是用消费者在特定收入的约束条件下谋取消费品的最大效用的"偏好"与"期望"，来解释消费者的行为。这也是一种意愿/信念解释。这类解释的基础或元素，自然也就是 DB 模型了。

亚历山大·卢森贝（A. Rosenberg）在他的《社会科学哲学》一书中，为 DB 模型做了一个简化表达式（我们将它记作 $[DB]_s$）和一个完备表达式（记作 $[DB]_c$）：②

$[DB]_s$：行动者意愿要达到目标 G，以及 A 相信 K 是在环境 E 中达到 G 的手段，则 A 采取 K 的行动。

$[DB]_s$ 比 $[DB]_w$ 有改进的地方在于引起了环境 E，目的和手段

---

① Von Wright, *Explanation and Understanding*, 1971, pp. 96 – 98. J. L. Mackie, *The Cement of the Universe: A Study of Causation.* Oxford: Clarendon, 1974, p. 289.

② A. Rosenberg, *Philosophy of Social Science*, Westview Press, Inc., 1995, pp. 29 – 32.

是在一定环境下实现的，从而有可能对意愿与信念作某种客观的分析，不过，这并没有改变 DB 解释的本质，即借助于意愿与信念来解释行为。[DB]$_s$简化了的地方在于，它只说明 K 是达到 G 的一种手段，在没有界定 K 是达到 G 的必要条件，或是充分条件，或是只不过有助于 G 实现的促进条件。而 [DB]$_w$ 则规定 K 是达到 G 的必要条件，是一个比较强的论证。事实上，一般说来，达到同一目的会有不同的手段，采取哪一种手段有一个选择与决策的问题。为了使 DB 实践推理包含这方面的内容，卢森贝提出了这个推理的较完备的表达式。

[DB]$_c$：对于任意的行动者 A，如果①意愿要达到目标 G，②A 相信 K 是在环境 E 中达到 G 的手段，③不存在 A 更加偏好的在环境 E 中达到目的 G 的其他手段，④不存在压倒或取代 G 的其他目标，⑤A 知道怎样实现 K 以及 A 能够实现 K，⑥假定其他情况保持不变则有：⑦A 采取行动 K。

人类行为的意愿、信念解释模型的三种表达形式 [DB]$_w$、[DB]$_s$、[DB]$_c$各有各的优点、各有各的用处，在此我们不作具体分析。下面我们使用较强的表达式 [DB]$_w$来分析技术行为的解释，研究这种解释的逻辑特征和本体论特征。因为如果这些特征在较强的表达式中也成立，则它在较弱的表达式中也成立。

现在，我们以美国科学家和工程师制造世界上第一批原子弹的技术行为的解释为例。我们有下面的一个实践推理模式：

（1）行动者 A 们意愿要制造出世界上第一颗原子弹；

（2）A 们坚信除非能提炼出超过 12 磅的^{235}U。否则就无法达到目的；

……

（3）所以 A 们在美国田纳西州开设核燃料工厂提炼^{235}U。

这里（1）是意愿（desire）项，说明什么是 A 的行动目标（G），这项记作 $D(G)$。G 是一个目标名词（object-noun）。第（2）项是信念（belief）项，说明行动者对某一种行为规则（R）

的有效性具有信心，这一项记作 $B(R)$，由此推论出（3），即行动者的行动 K，记作：

$$D(G) \wedge B(R) \cdots \to K。 \qquad (5-1)$$

如果 R 是经过技术检验的，并且有科学根据，我们就说 A 的行动是理性的行动。这个公式表现了一种实践理性。$\cdots \to$ 是实践推理的符号。

现在，我们要问的问题是：式（5—1）的推理是严格意义的演绎推理吗？回答是：不是！其理由如下：

（1）人们意愿的目的，并不包含达到目的的手段，以至于我们应采取这个手段能逻辑地从目标的概念中分析出来，就像从"凡人皆要死"这个前提就必然不依赖经验可以分析出"我将必死无疑"这个结论一样。事实上，人们确定一个目标的时候，他有时根本没有想到达到目标的手段。当然有时他会连带想到一些手段，但到底采取什么手段，他并没有确定下来。如果你约好今天下午到 A 君那里去讨论哲学问题，当你出门时却还没有决定是坐出租车去，还是坐公共汽车去，或是干脆走路到他家里去，关于这一点，我们与康德的意见有所不同，因为康德说："谁想要一个目标，他也就想要与此相关的必不可少的手段，这个命题，至于意愿，是分析性的，因为，在作为我的作用的客体的意愿中，我的因果性即已被设想为行为的理由，这就是手段的使用"[①]。

（2）必要的手段不能逻辑地演绎推出行为者非采取这种手段不可。你想今天得到你父母的财产，除非你将父母杀了，否则就不能达到目的，但这不是逻辑地必然导出你的杀父母行动。例如，在制造原子弹例子上，如果考虑到提炼 ^{235}U 的困难，或者美国根本就缺乏铀矿，而从国外运进铀矿不但成本很高，而且容易暴露，不便于

---

①　康德：《道德形而上学基础》，转引自 E. 胡塞尔《伦理学与价值论的基本问题》，艾四林、安仕侗译，中国城市出版社 2002 年版，第 61 页。

保密，美国人也可能放弃制造原子弹的计划。这里存在一个自由意志或意志的自由选择问题。在式（5—1）中，它的结论是不可能仅仅通过分析前提的逻辑形式以及相关的语词的意义而得到。

所以式（5—1）的推理不是演绎推理，这个技术行动的解释不是演绎解释，除非给这个实践推理加上一个前提：凡是想要达到目的的人，都必然要不择手段。

在加了这个前提后，我们就有了一个这样的 DN 模型：

初始条件：（1）A 意愿要达到目的 G。

（2）A 相信在 E 环境中进行 K 是达到 G 的手段。

普遍规律：（3）对于任意的行动者 x，如果 x 要达到目标 G，以及在 E 中，K 是达到 G 的手段，则 x 必然要采取行动 K。

被解释者：（4）A 采取 K 行动。

问题在于，这个 DN 模型是不成立的，因为普遍规律（3）是不存在的。意愿和信念与行动的关系，无论表达为 $[DB]_w$、$[DB]_s$ 还是 $[DB]_e$，都是可以违反、可以破坏的，尽管行动者违反了它或破坏了它会付出代价。所以，它们是规则（rule）而不是普遍规律（law），因而 DB 模型不是演绎—规律解释模型。

式（5—1）的推理是归纳推理吗？当然，我们并不否认这个推理有归纳的因素，主要是推理的第（2）个前提或解释者的第（2）项中关于表述目的—手段关系的行为规则，行为方法 R，在某种程度上是归纳的结果。行动者正因为坚信这里存在着一个手段—目的链的关系，故他的行为是理性的，是理性的应当，所以称它为实践理性的推理。至于当存在着大量行动者时，他们的动机和效果的集体效应，可以作统计分析，寻找其统计规律，如同经济学家们所做的那样，这里也包含着归纳。但是，联结着单个行动者的意愿、信念与他采用的行动的整个推理的过程并不是一个单纯的归纳过程。单纯的归纳，只可以得出一种经验的规律，即一个事件与另一种事件恒常出现的关系，这里并不包括目的与意愿，从目的的意向到手段的意向，以及行动者的价值评价和对手段之间的选择这样一些主观因素。行动者的意愿与信念对行动的支持，是理由与意义的支持，意愿与信念使行为成为有理由的（reasonable）、有意义的（meaningful）和可理解的（intelligible）。这个支持不是决定性的原因支持，也不是概率因果支持，因为理由与原因是两件完全不同的事情，因此不能用单纯的归纳联系来说明意愿、信念与行动的关系。

这是一种特殊的实践推理，不是纯粹演绎的，也不是纯粹归纳的，而是建立在意向—信念基础上的推理。这种推理的有效性依赖于目标的正确选择，目标—手段链的关系，理性的评价标准，对手段的理性选择以及由此导致的行动。这种推理基本上属于决策逻辑的范围。建立在实践推理基础上的技术行为解释，主要说明目的—手段关系以及对手段的理性选择。目的—手段链与因果链是不同的。首先，目的—手段链是目标定向的和未来定向的，即由预计要出现的结果来定向的，而因果链是原因定向的和过去定向的。目的—手段链将结果看作是理所当然的（take the result for granted），然后用目的来解释手段是必要的。例如，用生存来解释动物的心跳：心跳对于血液循环以营养体内细胞使动物生存是必要的（功能）。而因果链与此相反，用原因来解释结果。例如，心跳来解释血液循环进而解释动物的生存等。其次，目的—手段链是有价值负荷的，目的被看作是有内在价值的东西，在人类活动中是有自由意志作用于其中的，而因果链是排除价值和自由意志的作用的。最后，目的—手段链受自由意志的选择，这种自由意志受行为规范或行为规则约束，而因果链是不依人的意志为转移的因果关系起作用的结果。当然目的—手段链与因果链亦有共同点，从决定性因果关系这一方面来说，正像原因是结果的 INUS 条件一样，手段也是目标的 INUS 条件，即手段是目标的非必要的但充分的条件中一个不充分的但必要的非盈余的部分（The so-called means, and is knoun to be, an in sufficient but necessary part of a condition which is itself unnecessary but sufficient for the goal)①。正因为手段属于达到目标的一个并非必要的充分条件组，这就为主观意志的选择提供了可能性；正因为它是属于某一充分条件组中的必要因素，这就为主观意志对手段的选择提供了必要性。

正因为这样，在技术行为的解释中，标准的科学解释模型 DN 模型，即演绎—规律模型失效了，而且作为其替代物的萨尔蒙提出的因果解释模型，即 C—R 模型也失效了。萨尔蒙曾这样定义他的科学解释模型：①所谓对一个现象进行科学解释就是要说明这个现象的因果机制。②解释不是论证，说解释就是论证乃是逻辑经验论的第三个教条。解释不过是说明事件出现的因果关系的一组语句（sentences）而已。② 技术行为的解释，完全不符合这两个条件。技术行为的解释，不是要说明行为的因果机制，而是要说明行为的目的—手段机制，它是一种论证，即实践推理论证的一种形式。如果将人的技术行为作一种描述陈述来表达，则技术行为的解释实质上是用意向的陈述、规范的陈述来解释人们技术行为及其后果的事实陈述。也可以说，技术解释是用"应然"解释"实然"。

二 技术规则解释

人类的行动，特别是他的技术活动，是根据一定的技术规则行事的。技术原则指明，为了达到一定的目的，人们应该怎样做。各个工厂都为工人规定了一个长长的操作规程，连医生给病人开刀，都有一系列操作程序。所以，所谓技术规则就是一系列技术行为序（order），即 A_1, A_2, A_3, A_n，而最后一个 A_n 是唯一一个最逼近目标实现的行为。所以，技术规则就是为达到某种特定类型的目标的一个带某种普遍性的技术行为序，它是一个某种类型的手段—目标链。

---

① Sosa E. , *Causation and Conditionals.* London：Oxford University Press, 1976, p. 67. 这里的定义，是我们用手段 - 目的概念代入原因结果概念而得出。

② Wesley C Salmon，*Casuality and Explanation.* Oxford：Oxford University Press, 1998.

我们已经说过，与自然规律不同，自然规律讲的是可能的自然事件之间的一种关系的形式，而技术规则讲的是人类某类技术行为的一个共同的规范，二者的论域不同。并且，自然规律是不可破坏和不可违反的，只要具备自然律发生作用的条件，事件就只能按照自然规律所规定的特征出现，而人类技术行为所遵循的规范或行为规则，行动者是可以破坏它和违反它的，尽管这种违反要付出代价或受到技术社会的惩罚。所以，二者的性质不同。

对于当人们为解决某种技术问题的时候为什么必须要采取某种技术行为规则必须有个解释。例如，为什么制造原子弹必须至少有12磅的^{235}U 核燃料，为什么上飞机之前都必须接受安全检查，为什么医生给病人开刀之前必须戴上口罩和手套，为什么针灸"足三里"穴位可以治偏头痛，为什么一些原始部落在久旱未雨时必须跳起求雨舞蹈，这里解释者可能是一些规律的陈述，也可以是一些类比、隐喻的说明，或者可能是一些约定俗成的惯例，或者可能是经验概括的直指。于是技术规则的解释便可能有因果解释或规律推理解释、功能类比解释、直指解释（deictic explanation）以及社会建构解释。当然，我们在说明其他几种解释之前首先要注意的是对技术行为规则的因果解释，说明由于什么自然界的因果规律在起作用，所以我们必须遵循规律"按规律办事"才能取得某种成功，达到预期的结果。不过这只是一种一般的说法，尚未对这种解释进行严格的表达。

冯·赖特（1994）、邦格（1998）以及康瓦克斯（1998）等人曾先后提出对技术规则的解释模型，这个模型的实质也是一种实践推理，我们在这里试图将他们的模式综合如下：

令 $A \rightarrow B$ 为一种因果规律。如果它可以用演绎规律解释模型来表示，则有 $\lceil (x)(P(x) \rightarrow Q(x)) \wedge \exists (a)P(a) \rceil \rightarrow Q(a)$，这里 $P(x)$ 是 x 的原因事件，$Q(x)$ 是 x 的结果事件，$P(x) \rightarrow Q(x)$ 除表示一种形式蕴涵外，还表示有一种作用从原因事件传递到结果事件并引起结果事件。

设 $Q_1(B)$ 表示行动者意愿要实现事件 B，

设 $Q_2(A)$ 表示行动者要采取行动实现事件 A，

$Q_2(A)$ 与 A 不同，A 是一种事件，而 $Q_2(A)$ 是要实现这事件的一种行动，属于技术行为的范畴；同样 $Q_1(B)$ 与 B 不同，B 是一种事件，而 $Q_1(B)$ 是一种行为的愿望，也是属于技术行为的范畴。这样，技术规则的解释模型便可表述为：

（1）因果规律：$A \rightarrow B$；

（2）技术行为目标 $Q_1(B)$；

（3）技术行为手段 $Q_2(A)$；

......

（4）所以，有技术规则 $Q_2(A) \rightarrow Q_1(B)$，即

$$(A \rightarrow B) \wedge Q_1(B) \wedge Q_2A \wedge \cdots \rightarrow Q_2A \rightarrow Q_1B \qquad (5\text{—}2)$$

在技术实践上，我们常常不仅要实现一个事件，而且要防止一个事件，因此有一个负的技术规则，即在其他条件不变的情况下，为了不使 B 出现，我们必须不去实现 A，即防止 A 的出现。$Q_2(\neg A) \rightarrow Q_1(\neg B)$ 这个负的技术规则解释模型如下：

（1）因果规律：$A \rightarrow B$；

（2）技术行为目标 $Q_1(\neg B)$；

（3）技术行为手段 $Q_2(\neg A)$；

......

（4）所以有技术规则 $Q_2(\neg A) \rightarrow Q_1(\neg B)$，即

$$(A \rightarrow B) \wedge Q_1(\neg B) \wedge Q_2(\neg A) \cdots \rightarrow (Q_2(\neg A) \rightarrow$$
$$Q_1(\neg B)) \qquad (5\text{—}3)$$

又以原子弹的技术为式（5—2）的例解：

（1）因果规律。根据核物理，若 ^{235}U 物质达到其临界质量（12 磅），则它将会产生链式裂变。

（2）行为目标。行动者 A 们要制造人工核裂变的原子弹。

（3）行为手段。行动者 A 们要通过铀矿的提炼，制造出 12 磅 ^{235}U 核燃料。

......

（4）行为规则。要制造一颗原子弹，必须先制造出 12 磅^{235}U 核燃料。

式（5—2）的解释模式表明，相应的因果规律是相应的技术规则的基础，制造原子弹的技术规则是依据一定的科学规律来制定的。这里说自然因果关系是技术规则的规范关系的基础与依据，说的是后者的主要变量和关系特征来自前者。但这种关系不是演绎关系，不是前者逻辑演绎地成为后者的基础。这是因为：第一，科学的理论是分析的和抽象的，而技术的实践则是综合的和具体的。科学中的因果规律，是在一个理想化的抽象理论模型中成立的，而一种技术规则的成效则是在综合的具体环境中实现的。即使在前提中补充一些辅助假说也不可能达到完全具体的地步，因为不可能将综合的具体环境条件完全写在这些辅助假说中并一一加以检验。例如，理论上算出链^{235}U 核裂变连锁反应的临界质量，指的是完全纯的^{235}U 物质，而且原子与原子之间的距离又是理想化的，但是提炼出来的^{235}U 是不可能是完全纯化的，提炼出来的物质融合在一起又不能达到理想标准的程度。因此，自然科学的因果规律的真理性不能保证相应的技术规则的有效性；这个规则的有效性还需一个技术试验的过程，这就是科学实验不能代替技术试验的原因。1945 年初，美国只制造出三颗原子弹，为什么必须拿出一颗在美国本土试爆而不直接投放到日本呢？这就是因为科学因果的真理性不能代替技术规则的有效性，后者必须由独立的技术试验来解决。所以关于自然因果规律与相应的技术规则的关系，邦格用词很谨慎，他说："若 $A \rightarrow B$ 是一个规律式，则尝试经由 A 得 B 或经由 $\neg A$ 得 $\neg B$ 。"只有在行为目标 $Q_1(B) \equiv B$ ，而行为手段的实施 $Q_2(A) \equiv A$ 的情况下，技术规则 $Q_2(A) \rightarrow Q_1(B)$ 才能由 $A \rightarrow B$ 直接推出。而这个等价式（$\equiv$）在逻辑上是不成立的，因为至少前者是规范陈述，后者是事实陈述，这里又碰上了科学解释中的 DN 模型不适合于技术解释的问题。不过，式（5—2）和式（5—3）的解释模式，确实是因果解释模式，因为它说明，一种行为规则是依一定的因果关系建立的，要用因果规律来说明它的合理性。

第二，更广泛地说，事实陈述和自然规律，是真值的主体，它一般用"真或假""是或否"的二值逻辑来表述，而行为与行为规则，则不是一个真或假的问题，而是有效（effectiveness）无效（effectiveless）的问题，是一个技术价值问题。只要技术上能制造出一个虚拟实在，使你获得不出家门即可游览世界的效果，如同亲历其境一般。① 又假定一个老母亲最钟爱的儿子在外国死了，你告诉那老母亲，她的儿子在国外活得很好，这当然是假的，但对老母亲的身体健康是有效用的。这些极端的例子说明，技术行为与技术规则无评价上的真假之分，只有有效用或无效用之别，有技术价值和无技术价值之别。

进一步说，事实陈述和自然规律陈述的命题，一般地运用二值逻辑来表示已经足够，但是技术行为陈述以及技术规则陈述，关系到有效用无效用的问题，是价值问题，比较复杂，并且介入了自由意志因素，用三值逻辑来表示似乎更为恰当。例如，一个水电站的设计与建设，按照一定的目标与评价指标来衡量它，可能是有效的，即取得成功的可能性很大；也可能是有害的，即导致整个工程的失败，自然环境的破坏；也可能是不确定的，既谈不上好，也谈不上坏。就以教学技术为例。一个英语口语班的人数，十多个人是最有效的，几百人的大班在技术上是无效的。但在这两个人数之间，总有一些人数的配置在技术上有效或无效是不确定的，或者说它们是价值中立的，或价值为 0 的。邦格在 1998 年再版的《科学哲学》第二卷第 11 章中，仍然坚持技术命题与技术评价应采用三值逻辑。不过他主要讲的是技术规则 B per A（通过实现 A 而获得 B）有三值。与真值蕴涵式的真值（1，0，1，1）不同，技术规则

① Philip Zhai, *Get Real: A Philosophical Adventure in Virtual Reality*, Rowmn & Littlefield Publishers, 1998.

的蕴涵式的有效值为有效、无效?，这里? 表示不确定。为什么当技术规则蕴涵式前假后真，或前假后假时规则本身有效无效是不确定的呢？他说："只有当所规定的手段（A）已经运用了而目标又达到了（B）的情况下，规则才是有效的。只有当所规定的手段已经实施而所想要的结果并未达到时，那规则才是无效的。而如果我们并不运用手段（括号内后面两格的情况），则我们对于这个规则，无论其目的是否达到，却无所辩护，无所检验：事实上，不去应用规则所规定的手段，也就完全没有运用规则。因此规则的'逻辑'至少有三值。"① 不过邦格提出的行为规则的三值问题，不过是一个旷日持久地争论着的蕴涵怪论问题，似乎没有必要由此而导出蕴涵式的三值解。因为所谓蕴涵，不过讲的是一种条件语句的真值，这个假言命题"如果……则……"在逻辑上不过是"并非前（件）真而后（件）假"的意思。至于它所未述说的事，即前假后假，或前假后真，并不影响这个蕴涵式的真理性，因此，可以定义其为真。换言之，"并非前件真而后件假"这个蕴涵定义已经概括了一切假言命题成真的必要条件，而逻辑的作用又只能是满足正确认识的必要条件。所以效用三值逻辑是否必要与蕴涵怪论无关。我们完全可以将"不运用手段……无论其目的是否达到"定义为"有效"，是不会伤害逻辑的推理的。因此，我们有必要重新建立一个有关技术行为、技术行为动机和技术行为规则的，比邦格的表达更加完整的三值逻辑真值表来讨论技术命题、技术评价、技术推理的三值逻辑问题。下面我们改进一下莱辛巴哈的三值逻辑定义式。符号仍然使用我们的技术行为与技术规则符号［其中将 Q（A）、Q（B）改为 q（a）、q（b）］，但作为符号也适用于其他领域。这里T 表示"true"，F 表示"false"，U 表示"undetermined"（不确定），按莱辛巴哈，$\bar{A}$ 表示完全否定（complete negation），~ A 表示连续否定（cyclical or series negation）。这样我们就有表5—1。

① Bunge M.，*Philosophy of Science*，Vol. Ⅱ. New York：Spriner，1998，p.151.

表5—1 三值逻辑真值表

				析取	蕴涵1	蕴涵2	蕴涵3
$q(a)$	$q(b)$	$\overline{q(a)}$	$\sim q(a)$	$q(a) \lor q(b)$	$(q(a) \to q(b))_1$	$(q(a) \to q(b))_2$	$(q(a) \to q(b))_3$
T	T	U	U	T	T	T	T
T	U	U	U	T	F	U	(U)
T	F	U	U	T	F	F	F
U	T	T	F	T	T	T	(U)
U	U	T	F	U	T	U	(U)
U	F	T	F	T	T	U	(U)
F	T	T	T	T	T	T	U
F	U	T	T	T	T	T	U
F	F	T	T	F	T	T	U

在表5—1中，蕴涵1为莱辛巴哈蕴涵式[①]；蕴涵2为克林纳蕴涵式[②]；蕴涵3为邦格蕴涵式，其中缺项（）中的值，由我们按他的意思补上，可能不一定合乎他的原意。无论是克林纳的蕴涵式还是邦格的蕴涵式，都有三值，它表明从二值的自然因果规律表达式是不可能推出三值的技术规则的，它表明了技术逻辑的特殊性。为对这一点提供一些佐证，下节介绍一下胡塞尔形式价值学说的"排四律"和莱辛巴哈的量子逻辑。试图借此为研究技术逻辑问题提供一些类比。

三 胡塞尔、莱辛巴哈与技术认识的逻辑

胡塞尔在他的《伦理学与价值论的基本问题》（1914）一书中对分析理性（形式逻辑）与价值理性（实践推理）进行了详细的

---

① Reichenbach H. , "Philosophishe Grundlagen der Quantenmechanik (Basel, 1949)". In Kurt Hubner, *Critique of Scientific Reason*, The University of Chicago Press, 1983, p. 93.

② Kleene S. C. , "Introduction to Metamathematics", Amsterdam: NorthHolland, 1942, in Graham Priest, *A Introduction to Non-Classical Logic*, Cambridge University Press, 2001, p. 119.

比较，指出它们二者的相同点和不同点。首先，关于逻辑同一律，价值评价也有相类似者。他说："形式逻辑规则——凡是确信 A 适用的人就理性地不会怀疑 A 是否适用；凡是肯定认为 A 不适用的人，就理性地不会去猜测 A 会适用。"① 在价值评价理性上也是一样。"凡是把 A 视为美的人，肯定会合乎理性地由于确认这种美的真正存在而感到高兴，并且由于确信它不存在而悲伤。"在这里，逻辑理性或判断理性和价值理性或实践理性同样受同一律支配。其次，关于矛盾律。A 不能同时是 A 又非 A，这是逻辑规律。但在价值理性方面，这个矛盾律是有条件地成立的，即只对同一评价质料和同一动机这样的"价值前提条件"成立。"假设评价质料和动机情况相同，那么如果肯定的评价是理性的，那么同类评价的否定评价就是非理性的。"由此，便产生了逻辑领域与价值评价领域不同的地方，"我们知道，在逻辑领域里，如果我们由不同的前提系统里推导出一个相反的结果，那么肯定是这一个或那一个前提系统有了错误。"但在价值这方面。"凡是根据不同的价值前提条件推断出了相反的相对价值有效性的地方，就不能说会有这个或者那个价值条件无效了"。不过应该指出，胡塞尔这个论断并没有将问题说到底。在现实生活中，当对一个对象（如一种技术行为或一项技术工程）进行价值评价（如某个水电站的建设到底有效还是有害）发生分歧时，除对事实的判断不同之外，通常都可追溯到某些基本价值原则的分歧。社会应当对这些不同的基本价值原则进行优先性的排序，或依情景对它们进行优先性排序从而消除价值前提的冲突。所以胡塞尔关于逻辑理性与价值理性在矛盾律方面的类比，不应得出实践推理可以违反矛盾律的结论。最后，关于排中律的问题，胡塞尔认为，逻辑理性和价值理性的根本分歧便显示出来了。他说："理论真理领域可以说是价值真理、价值有效性领域之间的主要区

---

① 胡塞尔：《伦理学与价值论的基本问题》，中国城市出版社 2002 年版。以下引用见第101—109 页，不再详注。

别……主要是排中律在价值真理领域内没有类似物，而根据这个定律在肯定和否定之间并没有第三种可能；或者相反，在理论真理领域里不存在中立，而在价值论领域是存在中立的。""我们必须对价值领域特有的道德中值的存在说出公理来"，"在每次进行价值论的批判时，都必须把可能的价值自由情况考虑进去。对进行的评价的批判总是能够，或先验地能够造成两种结果：①事实情况根本不是价值情况；②它是一个这样的情况，然后问题才是，相关的肯定的或否定的价值谓词是否正确"。于是胡塞尔提出了价值评价的排四律："我们提出下述公理：如果 M 是任意一个质料，那么（并且在任意的一个价值论的领域内总是如此），三种情况中总有一种情况是真实的，或者 M 是一个自身含有肯定价值的质料，或者是一个自身含有否定价值的质料，或者它本身无价值。于是对于本身价值和无价值范畴来说，我们这儿有矛盾律和排中律的类似物。只是后者在这儿是排四规则。"

胡塞尔关于存在着价值中立的理论是可能接受的。当我们讨论某种技术行为时，我们总可以发现有许多无所谓技术有效或技术无效的中立行为，那些求雨的舞蹈就是其中的一种。因此，在许多场合下，使用技术解释的三值逻辑可能是有用的。

如果说胡塞尔比较强调价值中立的存在从而引进三值实践推理逻辑，则莱辛巴哈特别强调在量子力学中真值的测不准原理（即不确定性原理）。他从表5—1中推出三个重言式［这里为简单起见，去掉算子 Q（）］

［1］$A \equiv \sim \sim \sim A$

［2］$\bar{A} \equiv \sim A \vee \sim \sim A$

［3］$\bar{A} \rightarrow B \equiv \bar{B} \rightarrow A$

若我们设定下式：

［4］$A \vee \sim A \rightarrow \sim \sim B$。在表5—1中，它表明，如果 A 是真的或假的，则 B 是真值不确定的。否则［4］式无法成立，因为只有 B 不确定时 $\sim \sim B$ 才是真的。这个式子在量子力学中的应用就是，如果粒子 A 的

位置能准确决定,则其动量 B 是不确定的,测不准的。

由[4]式,经[1]、[2]、[3],能推出下式:$B \vee \sim B \rightarrow \sim\sim A$

其证明步骤如下:

(1) 用 $\sim\sim A$ 代入[2],得 $\overline{\sim\sim A} \equiv \sim\sim\sim A \vee \sim\sim\sim\sim A$。即得 $\overline{\sim\sim A} \equiv A \vee \sim A$。

(2) 上式代入[4],得 $\overline{\sim\sim A} \rightarrow \sim\sim B$。

(3) 由[3],得:$\overline{\sim\sim B} \rightarrow \sim\sim A$。

(4) 由[1]式代入[3],得:$B \vee \sim B \rightarrow \sim\sim A$。

(5) $B \vee \sim B \rightarrow \sim\sim A$,在量子力学中,它表明如果粒子动量 B 能准备确定,则其位置 A 是测不准的。

由于[4]、[5]式相互蕴涵,于是有公式:

(6) $A \vee \sim A \rightarrow \sim\sim B \Leftrightarrow B \vee \sim B \rightarrow \sim\sim A$。

这就表达了量子力学的互补原理。它说明连量子力学这样的领域都用到了包含真值不确定的三值逻辑,至于受自由意志支配的人类技术行为领域包含技术功效测不准的三值逻辑就不足为奇了;并且已有科学家和哲学家指出,自由意志的不确定性关系是由量子测不准关系造成的。对于这个问题的讨论,已超出本书的范围了。不过,有一点应该肯定:从非决定性的因果关系来看,对于预定的目标状态来说,它是一个预想的未来状态,我们不是拉普尔斯妖,我们不可能准确地确定绝对可实现的目标状态。而当目标状态确定下来的时候,由于随机性和自由意志,并不存在一组完全实现这个目标的充分条件。于是我们愈是要求准确地确定目标,能达到这个目标的手段就愈是不准确,可能随时要变换各种不同的手段;反之,手段愈是能预先准确决定,并在实行过程中不发生变化,它所能实现的目标的误差范围就一定相当大。这就是目标与手段的不确定性关系或测不准关系。它是我们之所以有必要运用三值逻辑的根据之一。

第六章

技术客体的解释

技术行为的主要结果就是设计和制造了各种人工客体（artifact，又可译为人工制品），又称为技术客体（technological object）。本章在讨论技术客体时，一般地将人工客体、人工制品当作同义语使用，不过比较侧重于工程实用制品而不侧重于艺术的或宗教的人工制品。技术客体或技术人工客体在技术的研究中占有中心的地位，它是技术智能的终端产品，就像科学理论是科学智能的终端产品一样。人类技术行为的好坏，技术智能的高低，技术规则的有效与否都要视技术人工客体的效用性来判定，而这种效用性又要在一个技术客体的进化过程中才能显示出来。本章的主要目的，就是讨论人工客体的本体状况以及人工客体的结构与功能的解释与论证问题。它是技术认识论和技术解释的主要内容之一。

一　技术客体的概念

所谓人工客体或人工事物就是人们为了满足自己特定的不断变化和发展着的目的和需要，运用各种智能手段进行自觉的行动，改变自然界和社会生活，而创造出来的事物、状态与过程。首先，人工客体及其设计、制造的过程是有目的的，服务于人们的一定目的与需要的过程。粮食及其种植、加工的过程首先是为了充饥与温饱，获得适当营养，以及为了进一步满足人们对食品的物质、文化、生活情调的需要的过程。衣服及其制作过程，首先是为了保暖、实用和美观，进一步是为了满足各种时尚的需要。离开这些目的和功用，离开这个社会价值的维度，我们不能理解和解释它们的形式与结构，功能与状态。其次，人工事物及其设计制造的过程，是以某种智能以及习得的知识为基础的自觉行动的结果，是理性的人进行选择与决策行动的结果。技术客体是智能与决策的物化，这一点使人工事物、人工客体与动物世界的本能活动及其结果，如蜘蛛的网、蜜蜂的房、鸟儿的巢、海狸筑的坝等，区分开来。前者是依赖于人类的自觉的智能活动，依赖于人类理性决策的，后者不依赖于自觉的活动，它是生物的本能的结果，实质上是纯粹自然的产物。

人类的自觉的技术活动到底在多大程度上，在什么方式上直接影响自然界和社会生活呢？对此我们从三个方面进行分析：

（1）它可以改变事物的原有状态与过程，例如，三峡工程可以改变长江的蓄水状态，耕种土地改变了植物的生长过程，防治疾病的计划可以完全消灭天花病的出现，使人类群体处于某个方面的健康状态，一个希望工程改变了某个村落的文化落后状态等。这些都是自然界和社会的事物状态和过程的改变。

（2）它还可以创造出世界上所没有的物质形式和物质系统，如飞机、火车、电脑、铁路、桥梁、摩天大楼等宏观物体，甚至人们可以人工合成新元素，人工合成的化合物，如塑料、合成纤维、染料、化学药物、合金等，人类还可以合成自然界所没有的新物种，如转基因作物等。这些都是人工制造出来的新的物质形态和物质系统。马克思说："自然不能建造任何机器，任何火车头、铁路、电报机、纺织机等。这些东西都是人类工业的产物，都是变成了人类征服自然的意志的工具和人类在自然中活动的工具的自然物质。"①

---

① 马克思：《政治经济学批判概要》，1939年德文版。转引自《外国自然科学资料选辑》，第四辑，第40页。

化学家伍德沃德说："自从合成化学创始人贝特罗提出'合成'这个概念后，有机化学实质上是在老的自然界旁又建立起一个新的自然界，改变了社会物质及商品的面貌，使人类的饮食起居发生了巨大的革命。"[①] 本章讨论的人工客体，就着重于讨论这些人工设计、制造的人工物质系统。人工制造的新物质形态、新物质系统出现了，自然也就有了新的过程状态和运动形式的出现。

（3）它进而促进自然界所没有的人工客体新规律的出现。从系统论的观点看，一旦出现了自然界所没有的人工客体新系统，这个系统就突现出新的性质、新的行为，并进而突现出新的规律。例如，塑料的性质及其合成的规律，转基因食品的新基因合成规律以及机器人的运行规律都属于这类人工突现规律。当然人类不能任意为自然制定规律，也不能任意为人工客体制定规律，这些规律是在人工制造的新的物质条件的基础上出现的。但是，物质与能量是不可创造和不可消灭的，人们制造与合成人工事物的过程中，并未新创造出或新增加任何一个基本粒子或一个能量子。这些人工事物的基本组分，连同人类本身的基本组分都是自然界已经存在的，并服从于自然界的基本规律，人们只是按照这些基本自然组分的运动规律所给出的可能性来制造人工事物的，而这些可能性之所以能加以实现，又完全依赖于特定的物质条件是否具备，是否能创造出来。这样看起来是由人工设计出来的人工客体的运行规律，不过是自然规律在特别的人工系统条件下的具体表现而已，因此它服从自然规律的支配，它可以而且必须接受自然规律的描述与分析。

这就是人工客体或技术客观的一种二重性（二重特征，二重属性，双重品格）：人工客体的自然性和人为性。人工客体是自然的，这首先表现在，在设计和制造这种人工客体的过程中，人是以一种物质的自然力的资格与自然物相对立，如果不存在受人类控制的，

---

① 转引自何法信《走出混沌——近代化学的历程》，湖南教育出版社 1998 年版，第305 页。

人类自身的自然力，就不能影响自然、改变自然。所以马克思说："劳动首先是人和自然之间的过程，是人以自身的活动来引起、调整和控制人和自然之间的物质变换的过程。人自身作为一种自然力与自然物质相对立。为了在对自身生活有用的形式上占有自然物质，人就使他身上的自然力——臂和腿、头和手运动起来。当他通过这种运动作用于他身外的自然并改变自然时，也就同时改变他自身的自然。"① 另外，当我们说，人工客体具有自然属性时，我们还指的是，当这种自然系统制造出来投入自然界时，它会与其他自然事物、自然环境发生一种相互作用，它甚至可以成为一种异己的和异化的力量反作用于我们。更为重要的是，我们说一种人工客体具有自然属性时，我们还指它和任何其他自然的事物一样受同样的自然规律支配。例如，天上的星星，地上的斜塔，以及人类制造的摆钟都受同样的万有引力定律的支配，太阳发出的光辉以及人工制造的氢弹都受着同样的核化学规律的支配。因此，讲授物理学的规律时我们可以拿许多人工事物，特别是人工实验装置来进行分析，而研究人工技术客体又可以用许多科学的原理来进行分析、说明与解释，这些都说明人工客体的自然性。

另一方面，人工客体与自然客体不同，它是由人类设计、制造出来，并为人类特定的目的和需要服务的，这就是它的人为性和社会性。正是这种人为性和社会性，使得它与天然事物区别开来。我们可以通过表6—1来列举这些区别。

表6—1 　　　　　　　　天然客体与人工客体的比较

特征	天然客体	人工客体
存在的样态	自动的	依赖于人的
起　源	自我创生	人造的

---

① 马克思：《资本论》（第一卷），《马克思恩格斯全集》第23卷，人民出版社1998年版，第201—202页。

续表

特征	天然客体	人工客体
发　展	自发进行的	人工指导下进行的
进　化	自发的变异与自然选择	有目的的变异与人工的有意识的或无意识的选择
结构及其规律	自然结构与自然规律	人工结构与运行原理
功　能	物理因果性功能或生命目的性功能	实践功能
设　计	无	有
计　划	无	有
意向性目标	无	服务于人们的需要
产品成本	无	有
被研究的学科	自然科学	技术科学

　　人工客体与自然客体的这些区别，使得它们分属于不同的世界，自然客体只是属于世界 1，而人工客体则是属于世界 3，并更多地属于世界 1 和世界 3 的交集。为了说明这个问题，有必要对卡尔·波普尔（K. Popper）的三个世界作一个简单回顾和扩展性的研究。

　　传统的唯物主义者以及笛卡儿等二元论者和贝克莱等主观经验论者在他们讨论本体论时，都至多只能看到两个世界，一个是客观的物理世界，或物理状态世界，如某种物理实体、过程、力与场等；另一个是主观的世界或意识状态世界，如某人心灵中的感觉、知觉、猜想、知识、理解、期望、意志等。前者波普尔称为世界 1，后者波普尔称为世界 2。但是，光有这两个世界及其相互作用不能解决知识的自主的增长与发展问题。因为知识的增长主要是在一定的文化背景中提出问题，进行猜测，然后批判地进行讨论这样客观发展的过程。而这个文化背景是可以相对地脱离创造它的创造者而存在的。例如，即使爱因斯坦死了，莎士比亚死了，贝多芬死了，他们的思想、理论、艺术却仍然客观地存在着，为人们所研究，影响着人们的意识状态，即世界 2。所以波普尔说，存在着一个"世界 3"，即"思想的客观内容的世界，尤其是科学思想、诗的思想以及艺术作品的世界"。①在讨论到世界 3 的时候，波普尔有好几次将人类的生产工具，即某种技术人工客体也列入其中。他说："我指的世界 3 是人类精神产物，如故事，解释性神话、工具、科学理论（不管是真实的还是虚假的）、科学问题、社会机构和艺术作品的世界"。"这些简单的思考，现在当然也可以运用于人类活动的产物，如房屋、工具或艺术作品等。"②

不过，波普尔的世界 3 主要是从科学知识和理论体系来讲的，它指的是存在一种"客观理论、客观问题和客观论据的世界"。他说："在我们'第三世界'的各成员中，尤为突出的成员是理论体系，但同样重要的成员还有问题和问题境况，而且我将论证，这个世界的最主要的成员是批判性辩论，并可类似于物理状态或意识状态而称之为讨论的状态或批判辩论的状态；当然还有期刊、书籍和图书馆的内容。"③他很少提到生产工具与人工客体作为世界 3 的组成部分，他的世界 3 理论主要为他的证伪主义科学哲学奠定本体论基础，他并未考虑要为技术哲学以及技术智能的进化与发展奠定本体论基础，这就是波普尔世界 3 理论的不足之处。在此我们要对它做出一种"实践唯物论"式的发展。

现在有两件与技术有关的大事使得我们对波普尔的世界 3 的理论认识更加深入了，并有可能发展这个理论。第一件事是我们今天处于一个信息时代和网络时代，这个信息网络系统的独立性以及它对于个人的作用是处处可见的，而人工智能的客观性也是显而易见的，这些显然是属于客观的知识和客观技术智能的世界，即扩展了的世界 3。第二件事是当代人类技术对环境的影响大大增强，我们

---

① 卡尔·波普尔：《客观的知识》，舒炜光等译，上海译文出版社 1987 年版，第 114 页。
② 卡尔·波普尔：《科学知识进化论——波普尔科学哲学选集》，纪树立编译，生活·读书·新知三联书店 1987 年版，第 14 页。
③ 卡尔·波普尔：《客观的知识》，舒炜光等译，上海译文出版社 1987 年版，第 115 页。

生活在一个人工世界、人造自然的环境里，这个人工自然随时有破坏自然环境导致生态危机的危险。这个人工技术客体所组成的世界，也属于世界3。不过波普尔所特别注意的，不仅是作为客观技术智能的世界3，而且是作为客观的思想内容的世界3。特别是那些潜在的，尚未被人发现的客观思想内容。比如，人们创造了自然数，它就有一种客观的问题情景，意想不到的新问题、新论据、新批判有待我们发现。如奇数、偶数、素数、哥德巴赫猜想等，它与自然数列创造者无关地、客观地存在着，自主地发展着，所以波普尔说："这自主性的观念是我的世界3理论的核心。"

不过我们特别强调的是人工客体，即客观技术智能属于世界3，主要是基于下列几点考虑。

（1）它是人类思想与智能的产物，不同时代的技术产品反映了不同时代人们的科学、技术、文化知识的水平，它是物化了的人类智能、它是以客观的物质形态存在的，同时又体现了人类思想的内容。

（2）它是独立自主地发展与进化的。人工客体虽然是人类创造出来的，但它们却是在某种程度上独立于它的创造者并反作用于它的创造者而自主地发展着、进化着的。关于这种技术进化论，我们将在本章第五节加以研究。对于这个客观的结构物及其进化的研究，比对于人类创造人工制品的行为的研究，几乎在每一个方面都重要得多，因为人类科学、技术行为的水平甚至他们社会行为的水平在相当大的程度上由这些人工客体，特别是生产资料系统的水平所决定。马克思非常明确地指出，必须研究社会人的生产器官，特别是机器的形成史，"劳动资料不仅是人类劳动力发展的测量器，而且是劳动借以进行的社会关系的指示器"。

（3）人工的客体，从它的物理结构来说，是完全服从于自然规律，受自然规律支配的。就外在于人们的意识受自然规律支配这一点说来与自然客体没有什么本质区别，因而它既属于客观知识的世界3，又属于物理状态的世界1。因此，我们将它的主要部分，看作属于世界 3 与世界 1 的交集。对于人工客体的这种本体论地位，波普尔并未明确地加以论述。这是我们对世界 3 的一项扩展性研究的结果。

二 技术客体的结构与功能

在哲学中和系统科学中，结构一词的使用，有广义与狭义之分，广义地说，结构一词表示一个系统的组成要素，以及这些要素之间的组织或相互关系。狭义地说，结构一词指的只是系统所包含的诸元素之间相互关系的总和，而不包括元素本身在内。广义地说，世界中任何一个系统，无论自然系统或人工系统（人工客体），它们的结构就是其元素与关系的集合，即 $S = \langle E, R \rangle$。这样，一个原子的结构就包括了它的质子、中子与电子及其依强相互作用和电磁相互作用所组成的体系；一部汽车的结构就包含它的部件，如汽缸、活塞、轴承、轮胎、车身、车壳、油门、刹车以及方向盘等，以及这些部件之间的相互联结、相互耦合、相互作用组成的体系。技术客体结构的概念，主要是在这个广义上来使用的，即包含其内部组成要素以及这些要素之间的相互关系在内。人类的技术客体的结构，既然指的是这些客观存在物内部的物质要素及其相互的关系，因此它是不需要涉及它与人的关系，即它与人的目的与需要的关系来进行分析和论述的，并且它的结构本身是和其他自然客体一样受自然规律支配的，因此它是完全可以用纯粹自然科学的词汇与语言来进行描述的，例如，一部汽车的部件耦合，它的重量、燃料消耗、热功效率、外形、运行的阻力等就属于这种"结构描述"。这种结构描述的特点就是对人工客体内部不依赖于主体的自然关系和自然属性进行的描述。这种描述是对它的自然型构和自然机理的描述，是不带价值评价的。

如果说，结构是从内部的组成和关系上来认识客体或系统，那么功能便主要是从外部的关系与作用来认识客体或系统。一个系统在与其他系统的相互关系中、与外界环境的相互关系中所呈现的变化，所具有的能力与倾向，所表现出来的行为，称为该系统的功能，因此功能是系统的外部变量，是系统的输入与输出的关系。从这种观点看，不仅人工系统或技术客体具有一定的功能，而且自然客体也具有自己的特殊功能。所以，一般说来，我们可以将功能划分为四类：

（1）物理因果性功能。例如，太阳有辐射阳光的功能，硫酸对铁、钠等金属有溶化的功能，玻璃有易碎的功能等。

（2）生命的目的性功能。例如，有些动物有游泳、打洞、捕食、在天敌追捕下逃跑的功能，其心脏有供血以营养全身细胞的功能，孔雀的尾巴有吸引异性的功能等。

（3）人工客体的技术功能。例如，收音机有将外界调频或调幅的无线电波的输入转换为播音输出的功能，抽水机有将水源从低水位抽到高水位的功能。一个装置或一个零部件的外部表现与性能，凡是可以直接或间接地追溯到满足其设计、制造和使用者需要，用以服务于人类一定的目的与意图者都可以称作这些人工客体的技术功能。

（4）社会组织功能。一定的社会现象和社会事实在一定的社会组织中所发挥的特定作用，被称为它的社会组织功能。例如，陪审团在一定法律系统中的功能，政党在政治生活系统中的功能，大学在社会教育系统中的功能等。总之，一种社会现象当忽视它的"组成"与"结构"而研究它怎样工作、怎样发挥作用时，这种描述与分析就称为社会功能的描述与分析。

本章讨论的人工客体的功能，是第三种功能。其所以要列举出其他三种功能，主要是因为当我们研究人工客体的功能时，可以借鉴于其他系统的功能分析方法，例如，借助于将系统的结构看作是黑箱，对系统进行输入与输出的外部相互关系的分析的行为主义分析方法以及着眼于现象在整体中的作用的社会学的功能主义分析方法等。它们都在某种程度上适合于技术客体的功能分析。技术功能所说明的问题是"for what"的问题，即这个技术客体为了什么目的，对人们的需要与要求起到什么作用，它怎样作为达到设计制造和使用者的手段。所以功能的概念是不能脱离使用者的意向性行为来进行定义的，它正是在这个语境中建立自己的意义的。我们日常生活中给出的技术客体的许多名称，就是这种功能性的名称，如电视机、收音机、方向盘、脚刹、钟表、汤匙、工作台、眼镜、体温计……所以技术哲学家克罗斯写道："功能不能从技术客体的应用的语境中孤立开来；它正是在这个语境中定义的。由于这个语境是人类行动的语境，我们称这种功能为人类（或社会）的建构。"①

人工客体的功能和功能要求的知识，不仅是人工客体知识的起点，而且是人工客体知识的一个重要组成部分。例如，关于人工客体的分类，人们往往不是按照人工客体的组成与结构进行分类的。例如"钟表"这种技术客体有各种各样的，机械钟、电子钟、铯钟、石英钟、水漏钟、沙漏钟、日晷钟……它们之间的组成与结构是完全不同的，是什么东西将它们归入同一个客体类呢？就是它的计时功能。

功能本身是可以进行分析的，它有一个层次的结构，可以划分为人工客体整体功能、子系统功能、基本元素或基本部件功能等。设计部门常常是按照不同的子系统功能来区分的。例如，飞机的主机设计就按功能划分为机身架构设计、机翼设计、电子系统设计、着陆传动装置设计等。如果我们了解了各个子系统或元素的功能，就能帮助我们理解人工客体整体的功能。假设有一堆钟表零件堆放在我们面前，我们对于钟表的结构又几乎一无所知，但如果我们了解了各个零件的功能，就能帮助我们明白各个部分属于哪一个子系统，如何将这些零部件重新组装成一个能够运行的钟表。

正是由于技术功能知识的重要性，它是我们技术客体知识的起点和终点（功能的实现），所以克罗斯提出要建立一种关于技术功能的认识论。他说："为了要理解技术知识（即区别于自然客体知

---

① Kroes P. , "Technological Explanations", PHIL & TECH 3：3 Spring, 1998, p. 18.

识的技术人工客体的知识）的性质，必须发展一种关于技术功能的认识论。这种认识论必须解决功能概念的意义问题。""假如把技术功能归附到客体上在认识论上是有意义的，即可以从在我们原有的关于世界结构的知识之上和之外，增进我们关于世界的知识，那么就有必要去精心构造一种功能的认识论。"①

这样看来，我们也可以将人工客体的结构与功能的基本特征做出如下的比较（表6—2）。

表6—2　　　　　　　　人工客体的结构与功能的比较

特征	人工客体的结构	人工客体的功能
论域的边界	客体内部的组成元素与关系	客体外部的关系与作用
与主体的关系	其性质与主体无关	其性质与主体相关
支配律则	自然界的要素或事件之间的因果关系律	人与自然关系的目的手段关系律
层次分析	将结构看作白箱进行分析，而将功能当作黑箱进行分析	将结构当作黑箱进行分析，而将功能当作白箱进行分析
评价性质	不做或不可做功效价值判断	可能或必须做功效价值判断

三　技术客体的功能解释

功能解释是生物学中常用的一种解释形式。在生物体中，一个单元或一个组织的存在和活动因其履行了所属生命整体的某种功能，在维持生命中起到某种特殊作用而得到解释。为什么人有肺呢？因为肺将氧气输送到血液中并最终输送到人体细胞中，以维持人的生命。为什么人有肾呢？如何理解肾呢？因为肾的功能或作用在于从血液中排除各种废物。为什么人有心脏呢？人的心跳又是为

---

① Kroes P. , "Technical Functions as Dispositions: A Critical Assessment", *Techne*, 2001, 3 (5): 1, 4.

什么呢？因为心跳的功能就在于将血液泵向全身，造成血液的循环以营养所有的人体细胞。为什么植物有叶绿素呢？植物生理学的解释是：植物（S）中的组织叶绿素（A）在有阳光、空气和水分的环境（E）中，能够从事于光合作用的过程（P）以产生淀粉维持植物的生命（L）。所以在功能解释中，通常有一个功能法则或一组功能法则

$$(S)\ (x)\ [S\ (x)\ \&A\ (x)\ \&E\ (x)\rightarrow P\ (x)\ \&L\ (s)]$$

读作：对于所有生命系统 S 和所有 x，如果 x 属于某个生命系统［用 S（x）表示］的一个组织 A［A（x）表示］，则在环境条件具备的情况下［记作 E（x）］，x 就会有某种作用与过程 P（x），它能够起到维持生命 L（s）的作用。这个功能法则是一种经验的概括，是有关目的—手段、功能—功能实现者的似律性陈述（law-like statements）。运用这种似律性陈述能解释某个单元、某个客体、某个组织在整体中的作用与功能，它专注于这些客体、组织或过程的结果、产物或效果，尤其关注于它们对维持整体性质或整体行为方式的贡献。所以功能解释是一种整体主义的思维方式，它从事物在整体中的作用，从事物与事物之间的关系上了解事物，从目的与手段的关系上了解事物。不过我们要特别注意的是：

（1）功能解释不是一种因果解释。用血液循环维持生命来解释心跳，并不能说明血液循环和维持生命是心跳的原因；用植物需要淀粉的必要性来解释叶绿素，并不能说明植物的生命是叶绿素形成的原因。用一种生命机体有一种趋向目标的"生命力"或"隐德来希"来解释各种生命器官形成的原因，是一种看似因果解释的形式，但它已经被证明是一种非科学的解释。

（2）功能解释只是一种外部解释，并未说明生命的这些组织及其过程为什么会有这种功能和作用，它的内部机制是什么。因此，功能解释与机制解释恰好是解释事件的两极。而关于机制解释或结构解释，我们将在下节进行讨论。

（3）功能解释一般并不是演绎解释。简化上式的陈述，假定有某种具体的作用过程或功能常项 P（a）需要实现，而依据功能法则，我们知道 a 就是这种能实现 P（a）的组织，记作 A（a）。这样这个思考过程可以表述为下述推理

A（x）$\rightarrow P$（x）$\&L$（s）

P（a）$\&L$（s）

A（a）

这个推理是一种功能的解释，但作为演绎推理则犯了一个肯定后件的逻辑错误，它至多只能说当我们观察到维持生命的现象和合成淀粉的现象时，我们有理由认为这里有很大可能存在着叶绿素，而这是一个高概率的归纳推理。谁能知道，在别的星球上是否可以不依赖于叶绿素而能够合成淀粉呢？这个推理之所以不是演绎推理，这是因为，一般说来当目的确定时，手段与目的的关系是多与一的关系，即为了达到目的，可以有不同的手段、不同的客体或不同的结构与过程来实现同一功能。

有了这个功能解释的一般原理，人工客体的功能解释及其逻辑结构便相当清楚了。人们设计和制造人工客体，是为了运用它来实现人们所需要的各种功能，因此功能描述和功能解释是我们设计和论证人工客体的第一个步骤。解释一个想象中的正在设计的人工客体或者向顾客解释一个技术产品时首先要说明的问题是：它是干什么用的，详细说明它有哪一些功能。在我演讲时我有一支 JNC 数码录音笔，我顺手拿起它的使用说明书，它的第一页就向我们解释这个人工客体的功能，它一口气向我们解释了它的 20 多种功能，如长时间录音功能、预约录音功能、闹铃功能、文件转移功能、文件保管功能、文件锁定功能、自动关闭电源功能、显示剩余录音时间功能、反复放音功能、监听功能、助听功能、外部机器相互录音功能、音量控制显示功能等。在人类社会的复杂社会分工体系中，人工客体的繁多种类不断增加，甚至成指数增长的情况下，对于大多数人工客体的使用者来说，他们所需要的只是这个人工客体的功能

解释，至于这些功能是如何实现的等机制解释和结构解释，则是它们所不需要的甚至是听不懂的。只有那些生产这些家伙的工程师和技术科学家才必须研究这些机制。这就是人工客体功能解释的必要性和重要性。对于这种功能解释的重要性，我们可以借用笛卡儿的一句话来作比喻，笛卡儿说"我思故我在"，李伯聪教授最近写了一本《工程哲学引论》[①]，副标题就是："我造物故我在"。如果技术人工客体会说话，它可能会说："我发挥了功能故我在"，这是对技术客体存在的一种解释，它就是功能解释的本质。

对于专业的人工客体的设计者和研究者，功能解释也是必要的，在人类的劳动和生活过程中极大地分化出对人工客体多种多样的功能要求的情况下，不对各种功能作详细的了解和解释，就不可能设计与生产出各种人工客体。马克思在 1867 年写《资本论》的时候就了解到这种情况，他发现："单在北明翰就生产出约 500 种不同的锤只适用于一个特殊的生产过程，而且往往好多种锤只用于同一过程的不同操作。工场手工业时期通过劳动工具适合于局部工人的专门的特殊职能，使劳动工具简化、改进和多样化。这样，工场手工业时期也就同时创造了机器的物质条件之一，因为机器就是由许多简单工具结合而成的。"[②] 马克思这段话的意思是十分深刻的，它说的是，随着专门化、复杂化，功能可以分解为多样性的子功能，这些多样性的子功能可以改进并组合成统一机器的功能。而功能的不同又对应着结构的不同。图 6—1 展示了马克思所说的北明翰生产的 500 多种锤子的部分内容，这些图示表明，如果不详细解释各种锤子的不同功能，是不可能设计和生产出这些锤子的。这些图示还说明，一旦将简单工具的专用功能，组成马克思所说的一部复杂机器的一机多功能，如果不对这些机器的多功能进行功能分析和功能组合，是不可能设计和制造出复杂的机器的。上面我们说

---

① 参见李伯聪《工程哲学引论》，大象出版社 2002 年版。
② 马克思：《资本论》（第一卷），《马克思恩格斯全集》第 23 卷，人民出版社 1972 年版，第 379 页。

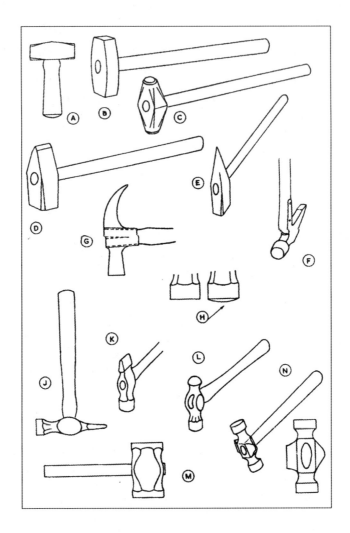

图6—1 人工制品的多样性也反映在英国乡村匠人所用锤子的式样上

（a）：Ⓐ、Ⓑ、Ⓒ、Ⓓ、Ⓔ——石匠用来碎石、断石、敲制方石、打磨石块的石匠锤；Ⓕ、Ⓖ——带有加固头的木工锤；Ⓗ——弧形锤头，用来敲钉时可以保护木头表面；Ⓙ——普通的木工锤；Ⓚ——直头铁匠锤；Ⓛ——圆头锤，一种普通的金属加工锤；Ⓜ——制椅者的专用锤；Ⓝ——马蹄铁制作专用锤（从两个角度绘制）。

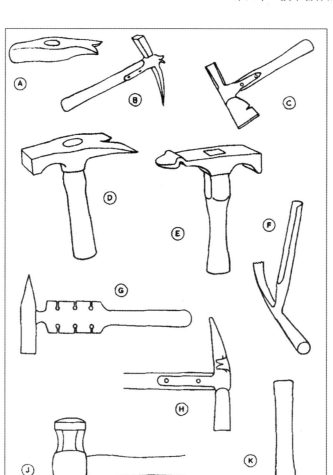

（b）：Ⓐ——拔钉用的拔钉鱼尾锤的头部；Ⓑ——石板瓦工用的风镐；Ⓒ——板条斧；Ⓓ——专用于制桶箍的库伯敲钉锛；Ⓔ——用于撬开和密封奶油桶的专用锤；Ⓕ——兼作乳酪试味采样器和锤子的两用工具；Ⓖ——锉锯和整锯锤；Ⓗ——装潢工匠及制马鞍匠专用锤；Ⓙ、Ⓚ——鞋匠专用锤。资料来源：波西·W. 布兰福德《乡村匠人用具》（Newton Abbot, 1974），第49、55 页。

到的数码录音笔的多功能，是由它的各个部件的不同功能组合起来的。当然整体的功能不等于其部件的功能的简单相加之和，在组成人工客体的整机时，会出现一些部件所没有的突现功能，例如，体积小可插入口袋就是它的一种突现功能，当然它又失去了或改变了其部件所具有的某些功能。这就要求功能分析的解释、功能组合的解释和功能突现的解释。前面说到 P. Kroes 提出要建立一种关于技术功能的认识论，我们认为，它应该包括这些内容。

技术功能解释，具有类似于上述生物功能解释的下述特征：

（1）技术功能解释不是因果解释，而是目的论解释。在这里被解释者是人工客体本身（如锤子、录音笔等），而该人工客体的解释者不是因果规律和作为原因的初始条件以及作为环境的边界条件，而是目的—手段似律性陈述以及作为人工客体结果和效用的特称陈述。这里与生物功能解释的不同在于它的功能是有计划地设计出来和它的目的是设计者有意识地要达到的。

（2）技术功能解释是对人工客体的外部解释，是从人工客体的外部关系上，特别是与设计者、制造者和使用者的需要与意愿的关系上来解释这一人工客体为什么是这样的，它没有涉及技术客体的内部结构及其工作机理或运行原理，它不是机制解释，不是人工客体的结构解释。关于为何用技术客体的结构来解释它的技术功能，我们将在下节进行讨论。

（3）技术客体的功能解释的逻辑不是演绎逻辑，而是包含某种决策逻辑，即某种决策推理与选择的过程。当然，如果某一类技术客体是它所实现的功能或它所达到目的的必要条件，则功能解释的逻辑是演绎逻辑，在图6—1（a）中如果只有Ⓖ锤能钉钉子，具有钉钉子的功能 F，没有任何别的工具可以起到这种功能，则功能法则为 (x) $[F(x) \rightarrow G(x)]$，即如果 x 有钉钉子的功能 $F(x)$，则 x 是Ⓖ锤子，即 $G(x)$，这里技术客体是实现其功能的必要条件，于是功能解释便具有下述的演绎逻辑形式：

解释者：（1）(x) $[F(x) \rightarrow G(x)]$

（2）$F(a)$

被解释者：（3）$G(a)$

即如果 $F(a)$ 是个体常项词 a 的敲钉子的功能则根据式（1），

演绎出"a 就Ⓖ锤",即 $G(a)$。可是事实上式（1）并不能成立，在图6—1中，很显然，你顺手拿任何一把锤子都可敲钉子，即那23种锤子都有敲钉子的功能，只不过在选择决策中，可以优选一些能最佳地实现这个功能的技术客体而已。这里的逻辑应该是：

（1）$(x)\ [F(x) \rightarrow A(x) \lor B(x) \lor C(x) \lor G(x) \lor \cdots]$

（2）$F(a)$

（3）$G(a)$

这里从式（1）和式（2）导出式（3），不是演绎的，而是决策选择的。事实上，随着科学与技术的发展，要实现一种人们所需要的功能，必定有多种多样相互竞争着的技术客体可加以实现；反之同一种技术客体，随着它的不断改进，会实现越来越多的功能，所以，手段与目的的关系，人工客体的结构与功能的关系是多与一的关系和一与多的关系。这样，功能解释的逻辑，必定包含选择与决策的因素。详细一点说来，它很可能有下列的解释模型：

（1）功能法则或目的

手段似律性陈述： $(x)\ [F(x) \rightarrow O_1(x) \lor O_2(x) \lor \cdots$
$O_i(x) \cdots]$

（2）功能要求： $F(a)$

（3）评价与选择标准：$E_1(x)$，$E_2(x)$，$\cdots E_n(x) \cdots$

（4）选定技术客体： $G(a)$

在这个推理中，式（4）$G(a)$ 的陈述一般是采取规范判断或价值判断的形式："为了最适当地实现某种功能 F，我们应该设计、制造和使用技术客体 G"。而式（1）功能法则的表达形式，是一种描述性的表达形式：为了实现什么类的功能，我们可以采取什么类的技术客体。而式（2）的表达方式，也可以表述成一种事物特性与性能的描述的陈述。因此，为了从式（1）与式（2）得到式（4）必须加进一个价值判断与价值判断的标准即式（3）。有了标准式（3），便可以大大缩短这个推理过程中事实判断与价值判断之间的鸿沟。但即使这样，从式（1）、式（2）、式（3）推出式（4）

并不是演绎推理。因为在这里从前提到结论之间介入了意志的自由选择因素。

四 技术客体的结构解释

前面讲道，对某种技术人工客体的功能解释，是从外部解释人工客体，即从该人工客体对于达到人们的实践需要或愿望所具有的功能来看人工客体，因而这种解释是将该人工客体看作是一个黑箱，不必论及它的组成与结构。但是，技术工作者们发现和设计出某种人工客体来实现所需要的功能时，他们必须解释这种人工客体何以能够实现特定功能，要说明这个问题就是技术功能的结构解释问题了。

从一般的科学解释的观点看，所谓对客体的结构解释就是运用该客体的元素和内部结构的规律来解释系统的各种外部性能或功能，例如微观物理学以原子结构和核结构及其规律来解释不同物质发射不同光谱的功能，太阳辐射阳光的功能；热力学和分子物理学用物质的微观结构和分子动力学规律来解释宏观热力学系统种种外部表现和功能；结构化学以分子的结构来解释物体的物理性质和化学反应功能；生物学用基因结构来解释生物的各种遗传性状与功能等。为什么金刚石硬到具有刻划玻璃的功能而由同样的碳元素组成的石墨又软到可以做成铅笔蕊来写字的功能呢？这就要由它的分子结构来加以解释了。金刚石的刻划玻璃功能由它的碳原子之间近距和等距的空间结构以及牢固的相同的共价键相连的化学结构来解释。而铅笔的写字功能则由石墨碳分子之间的层状结构、分子层之间距离较远且以金属键相连，因而可层层脱落沾在纸上来加以解释。关于金刚石和石墨的结构见图6—2。

这样，在物理世界中自然客体功能的结构解释的逻辑模型大体上可作如下表述：

解释者： 元素结构描述 C, S

元素结构规律语句集 L

　　环境描述　　　　　　　　　E

　　对应规则　　　　　　　　　B

　　……

被解释者： 物理性状与功能描述　　F

对于上述这个模型，我们可以作如下的说明：

（1）关于客体 x 的元素结构描述。自然客体 x 的物理性状与功能，在特定条件 E 下，由它的组成元素与结构决定，由后者进行解释。所以，为了进行结构解释，首先必须描述 A 类物质 x 由哪些元素组成，例如，热系统由分子组成，原子由电子、质子、中子组成，金刚石类的物质 Ax 由碳元素组成。假定客体 x 的元素是 b_1，b_2，…b_n，其中 b_i 属于 B_i 类，则元素描述的逻辑形式为 b_1，b_2，… $b_n \in x$，并且 B_i（b_i）。B 是事物谓词，而结构描述的逻辑形式为 φ（b_1，b_2，…，b_n）。这里 φ 是关系谓词，例如，金刚石中碳元素原子之间的共价键关系的总和组成了金刚石的分子结构，这种描述必须清楚、准确并尽可能定量化，否则就不能精确地解释 x 的物理功能。于是元素结构描述的逻辑形式为：

$A_x \leftrightarrow B_1$（b_1）B_2（b_2）$\cdots B_n$（b_n）$\& \varphi$（b_1，b_2，$\cdots$，b_n）。

（2）关于 x 的元素结构规律：它包括自然客体 x 的元素 b_i 自身的规律 B_i（b_i）$\rightarrow R_i$（b_i）。即如果 b_i 属于 B_i 类事物，则它必有性质或关系 R_i。同时，它也包括客体 x 的元素 b_i 在 φ（b_1，b_2，$\cdots$，b_n）结构约束下的规律或其结构本身的存在与状态变化规律。它可以表述为：

R_1（b_1）R_2（b_2）$\cdots R_n$（b_n）$\& \varphi$（b_1，b_2，$\cdots$，b_n）$\& E_x \rightarrow P_x$，

即如果 b_i 具有性质或关系 R_i 以及它们组成了结构 φ，则客体 x 在 E 环境下，具有性质 P。这样我们将上述二式结合起来，便得到元素结构规律的基本逻辑形式：

B_1（b_1）B_2（b_2）$\cdots B_n$（b_n）$\& \varphi$（b_1，b_2，$\cdots$，b_n）$\& E_x$
$\rightarrow P_x$

这种元素结构规律的表述，是以元素语言来表述的，例如，金刚石这种碳分子结构物，它由许多碳原子组成，每一个碳原子都以

同等牢固的共价键与其他四个碳原子相连，形成形如图6—2的结构。从而在常温 E 下原子之间具有紧密相关的性质 P。

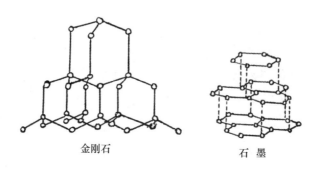

金刚石　　　　　　　石　墨

图6—2　金刚石和石墨的分子结构

（3）关于环境描述，我们说，自然客体 x 具有某种物理功能，指的是在特定条件下具有这种功能。因此，环境描述在结构解释中是不可缺少的。

（4）关于对应原则，从逻辑学的观点看，自然客体 x 的功能，是用宏观整体的和功能的语言来描述的，例如，金刚石 Cx 具有极高的硬度和具有刻划玻璃的功能 Fx。这里 Cx 与 Fx，是用整体功能语言描述的。可是，元素结构规律说的是碳原子的性质及其关系，它以及它的示意图（图6—2），都是使用微观的、元素的和结构的语言表述。环境 Ex，如常温这个概念，既可以用元素语言来表达，即用分子运动的平均速度来表达，也可以用热力学概念，即温度来表述。这样，为了由元素与结构的规律推出客体的功能规律，就要有一种原理将元素结构的概念转换为整体功能的概念，这个转换，叫作对应原则。通常由下式表示：

$Cx \leftrightarrow Ax$

$Fx \leftrightarrow Px$

例如，金刚石的物质，用元素语言表述为 Ax，即具有某种碳原子的分子结构的物质；用功能语言表述为 Cx，即那种几乎是世界上最硬的物质，而金刚石硬到能刻划玻璃的功能性质，用整体功能语言表述为硬度，在摩擦中切刮了其他物体的表面。而用元素结构的语言来表述，则将它表述为碳原子之间结合的紧密性，能冲散其他的刚体结构而不易为其他的刚体分子结构所冲散。这两种描述，如果是对应的，就有了上述的对应原则，这样自然客体功能的结构解释模型便形式化为：[1]

$C，S：Ax \leftrightarrow B_1 （b_1） B_2 （b_2） \cdots B_n （b_n） \& \phi(b_1, b_2, \cdots, b_n)$

$L：B_1 （b_1） B_2 （b_2） \cdots B_n （b_n） \& \phi(b_1, b_2, \cdots, b_n) \& Ex \rightarrow Px$

$E：Ax \& Ex$

$B：Cx \leftrightarrow Px$

　　　$Fx \leftrightarrow Px$

……

$F：Cx \& Ex \rightarrow Fx$

有了这个自然客体的结构解释模型，便可以分析人工客体功能的结构解释问题了。

本章第一节中已经讲过：人工客体既具有自然性和自然结构，也具有人为性和社会结构。因此，我们并不能原封不动地将上述结构解释模型运用于人工客体。

（1）从元素、结构的描述这个解释者项来说，人工客体除了包含自然元素与结构之外，还必须包含人工设计的组件，人工设计的组件联结，以及一系列必须由人工的操作行动，才能实现它的功能。一只机械钟表除了包含不同的金属元素及其自然结构之外，它的各种齿轮组件是自然界不存在的，它的组合或耦合的方式也是人工的产物。如果这只钟表要实现计时功能，必须有上紧法条的人工操作以及调整时间的人工操作，即使全自动的电子钟表要实现计时功能，上电池、调整时间和功能转换也必须有人的操作。因此，人工客体功能的结构解释的解释者项便首先包含人工客体的自然元素

---

　　① 本模型是参考和改进 R. Causey 模型面做出。参阅 Causey R L. *Unity of Science*. D. Reidel Publishing Company，1977. pp. 72 – 74。以及张华夏、陈向《论解释的结构及结构解释》，《自然辩证法通讯》1986 年第 4 期。

结构的描述，人工组件结构的描述以及一系列操作行动的描述。

（2）再来看看解释者的第二项，即元素结构规律语句集。一个人工客体之所以能成功地实现它的功能，是因为它所依据的是自然规律，即物理、化学和生物学的普遍因果关系。设计者们可能以他们所熟悉的经验概括的形式来表述和掌握这些规律，也可能以科学理论和科学定律的精确形式表述和掌握这些规律；后者需要有足够的科学训练，这是现代高科技的技术设计和技术解释所必需的，不过单是科学规律的知识是不能解释人工客体的运作及其功能的。首先，这些自然规律，是在人工客体的人工制造的组件和结构的约束条件下发挥作用的，没有第一项的描述，是不能推出人工客体的行为属性与功能，其次，我们还要注意到，在人工客体的运作中，还有第二类规律在起作用，即人工客体的突现规律，它是天然自然界所没有的规律。技术哲学家文森蒂称这些突现规律为技术客体的运作原理（operational principle），例如，电子管或晶体管的三极管的放大规律或放大原理，飞机能上天的平衡原理，即飞机重量与飞机翼前冲产生的上升力相平衡的原理等，这些第二类规律与原理，一般说来虽然都可以通过自然科学规律与人工制造特殊条件加上一定环境条件的作用将它演绎出来或加以解释，但是一般的技术结构解释并不需要对所有技术规律都进行科学解释。技术科学有它的独立研究对象和独特规律性，人工客体的突现规律或运行原理就是技术科学的主要研究对象。还须指出的是，在人工客体的运作的技术解释中，除元素结构规律陈述之外，还须说明人们调控该客体的技术行为规则陈述。

（3）环境描述和对应原则。人工客体的结构解释的环境描述与自然客体的环境描述的逻辑形式与意义大体相同，自然客体有可能处于人工环境之中。而人工客体也有可能处于自然环境之中，因此这里似乎没有什么值得进一步论述的。至于对应原则，只要元素与结构及其规律的陈述采取一种语言，而客体功能陈述采取另一种语言，为了使解释者前提（结构）有可能推出被解释者的结论（功能），对应原则的陈述是完全有必要的。

在做了这些有关自然客体的结构解释和人工客体的结构解释的比较之后，我们想追随克罗斯，也使用一个典型的技术史的案例，来说明人工客体功能的结构解释，这个案例就是1705年获得专利，1711年开始广泛应用的纽可门蒸汽机。纽可门机的主要功能是提供一种强大的动力将矿井中的水泵走。为了实现这个功能，我们首先来看一看它的结构图（图6—3）。

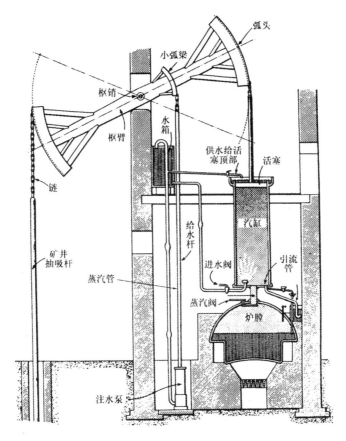

图6—3　约在1715年典型的纽可门蒸汽机的简图

充满蒸汽的汽缸被注入冷水后，其内壁冷却下来。这一步骤的结果是汽缸中的蒸汽凝结了，由此产生了部分真空。接着，加在活塞外表的大气压力迫使活塞下降，使蒸汽机做功。当活塞达到运行路径的最低点时，蒸汽就被注入汽缸中，平衡了活塞两边的压力。矿山抽水泵的机械重量使得枢臂转动，将活塞提到汽缸的顶部。注意，控制蒸汽机的冷水进入汽缸的阀门以及控制废水流出导管的龙头（旋塞）在这部机器中是用手操纵的。资料来源：D. B. 巴顿《单缸蒸汽机》（Bath，1969），第17页。

如何用上述结构来解释纽可门机的泵水功能呢？

解释者

（1）元素结构与操作描述（C，S）

——纽可门机由锅炉、汽缸、活塞、摇杆（枢臂）、蒸汽阀、进水阀等组成。

——这些部件按图6—3的结构组装。

——这些部件包含的自然材料的组成与结构。

——打开蒸汽阀，当蒸汽进入汽缸至活塞达到上死点时，关闭蒸汽阀并打开进水阀，当活塞到达下死点时打开蒸汽阀关闭进水阀。

（2）元素结构规律与技术行为规则陈述（L）

——热胀规律：水加热变为蒸汽体积膨胀。

——冷缩规律：热蒸汽受冷收缩形成部分真空。

——大气压力规律：由空气重力产生的标准大气压力为 1kg/cm^2 = 101325 帕。

——操作规则：操作者行为符合纽可门机操作规程。

（3）环境描述（E）

——蒸汽机在常温、常压以及标准的气象条件下工作。

——蒸汽机的终端输出连接在矿井的泵杆上。

（4）对应原则（B）

——开动纽可门机，水泵杆上下运动对应于（或等价于）泵水是纽可门机的功能。

……

被解释者

（5）纽可门机的功能是驱动水泵。

如果式（1）、式（2）、式（3）、式（4）、式（5）都成立，则这个从式（1）、式（2）、式（3）、式（4）推出式（5）的解释是一个演绎解释。问题是，式（4）的成立，不是以等价的形成成立，开动纽可门机，泵杆上下运动，这是一个因果关系式，是可以用事实陈述的形式表达的，它是可以还原为物理语言来表述的，而纽可门机的功能或设计目的，是用于驱动水泵的，这种功能表达式是用目的—手段关系的形式表述的。由于包含了人们的意图、目的与需要，它是以规范的语言来表述的，我们前面已经说过因果性陈述不能演绎地推出目的—手段陈述，因果关系的成立只能为建立在这种因果关系上的目的—手段关系以很高的概率成立。因此，上述解释模型就其在因果关系上能推出纽可门机驱动水泵泵杆上下运动来说是演绎解释模型，而就其能推出纽可门机具有泵水的功能来说，则是一种高概率的归纳推理形式。

五　技术客体的进化论解释

生物科学哲学的研究表明，在生物学中，功能解释是初步的、低层次的。例如，为什么许多高级动物会有心跳？功能解释告诉我们，因为心跳的目的或功能是造成血液循环以营养该动物的全身。如果我们进一步追问，为什么心跳能够将血液泵向全身并营养全身的细胞呢？我们就需要一个结构解释来说明心脏怎样由左心室、右心室、左心房、右心房、房中隔、室中隔、大动脉、大静脉组成，在心脏收缩与扩张的运动中怎样将血液泵向全身，在肺部中取得氧气，在消化道汲取营养素，在肾脏排泄废物，从而循环不息，营养全身细胞，保证其新陈代谢。但如果进一步问，为什么这种生物会出现心脏来完成这些功能，为什么出现这种功能来保证该物种的适应性生存？这便引导了更深一个层次的发生学机制或机制的发生学解释，这就是生物进化论解释，通过物种的遗传与变异，竞争与选择，适者生存不适者淘汰来解释心脏的结构与功能的起源与进化。

不是别人，正是达尔文自己首先将他的进化论运用于解释技术人工客体的进化，不过他局限于用它解释人工生物客体。例如，为什么人工饲养的猪，它的肉是又多又嫩，特别合乎人们肉食的需要？为什么各种各样的哈巴狗或金鱼又是这样合乎人们的喜好？这就是人工选择的结果。

  首先将达尔文的进化论运用于解释一般的人造物，特别是人类生产工具发展的是卡尔·马克思，他在达尔文《物种起源》出版后八年出版的《资本论》第一卷中，就提出了这个研究纲领，他说："达尔文注意到自然技术史，即注意到在动植物的生活中作为生产工具的动植物器官是怎样形成的。社会人的生产器官的形成史，即每一个特殊社会组织的物质基础的形成史，难道不值得同样注意吗？而且，这样一部历史不是更容易写出来吗？因为，如维科所说的那样，人类史同自然史的区别在于，人类史是我们自己创造的，而自然史不是我们自己创造的。"① 但马克思并没有说明"人的生产器官"是在何种意义上通过遗传与变异，适应与选择而向前发展了，也没有提出丰富的技术史料来证明技术人工客体的进化理论。在这个问题上突破性进展是卡尔·波普尔在 20 世纪上半叶提出了他的证伪主义认识论。他将认识看作是为解决问题而提出多重性的试探性方案或理论假说，并进而对这些理论或假说进行批判性的反驳排错与检验从而进行理论选择并导致新问题的过程。而他在《客观知识》一书中，进一步将这个认识过程看作是多样性的变异和控制性的自然选择与淘汰的达尔文进化论过程，强调"从阿米巴到爱因斯坦，知识增长过程总是相同的：我们试探着解决我们的问题，并通过淘汰过程，获得在我们的试探性解答中某些接近适应的东西"。② 他特别将这个观点运用于人类的技术人工客体的进化，他说"动物的进化大部分（虽然不是全部）通过器官（或行为）的改变或新器官（或行为）的出现来进行。人类的进化大部分通过发展人体或人身之外的新器官来进行，生物学家称之为'体外地'或

---

  ① 马克思：《资本论》（第一卷），《马克思恩格斯全集》第 23 卷，人民出版社 1972 年版，第 410 页。

  ② 卡尔·波普尔：《客观的知识》，舒炜光等译，上海译文出版社 1987 年版，第 274 页。

'人身外地'进行。这些新器官是工具、武器、机器或房子"。① 不过波普尔更加关注的是客观的观念世界而不太关心人工客体或生产器官的进化。他的主要贡献在于他提出了适合于各种复杂系统，包括生命系统、社会文化系统、生态系统的广义进化论的基本原理。这个原理由进化认识论的创始人、哲学家和心理学家唐纳德·坎贝尔（Donald Campbell）表述为"盲目的变异与选择的保存原理"（the principle of bind-variation-and-selection-retention），他说："盲目的变异与选择的保存对于所有的归纳成就，对于所有的真正知识增长以及对于所有的系统对环境的适应都是基本的。"② 技术人工客体也无例外地正是按照这个广义进化论原理进化发展的，一切技术的人造物的出现、传播和消失也是依照这个法则而得到解释。1988年，巴萨拉（George Bassalla）写了一本名著 *The Evolution of Technology*，以丰富的技术史料说明了这一点。现在我们简要地概括技术进化原理和技术进化论解释的几个要点。

1. 技术人工客体的多样性与变异

地球上的生命种类繁多，形态复杂，是丰富多样的，生物学家统计出仅动物植物就有 150 多万种。无独有偶，人类社会制造出来的人工客体也是丰富多样的，到底有多少种类尚无精确统计，不过仅 1790 年以来美国就发布了 470 万种的专利。前面讲过马克思在北明翰仅锤子就发现有 500 种之多。而列奥纳多·达·芬奇未发表的个人笔记本就描绘了许多机器，包括可能设计出来的机器，如飞行机器、降落伞、装甲坦克、巨弩和大弹弓、小战船、多管枪、蒸汽机和蒸汽炮、桨轮船、潜水艇……这些设计无论其行得通行不通，都足以说明波普尔所说的人工客体的尝试性解决方案的多样性。当爱迪生发明留声机时，他已列举了它们的功能的多样性，如听写记录、盲人读书、保存留言与遗嘱、复制音乐、发布时间钟

① 卡尔·波普尔：《客观的知识》，舒炜光等译，上海译文出版社 1987 年版，第 274 页。
② Cambell D. T.，"Evolutionary Epistemology"，In Schilpp P. A.，*The Philosophy of Karl Popper*. The Library of Living Philosophers，1974，p.421.

点、电话记录……因此技术客体及其变种的现实的或潜在的多样性是不容置疑的，足以保证进化过程对之进行选择。

技术人工客体多样性的原因尚无定论，就像达尔文发现了生物变异，但对于物种变异的原因还未弄清一样。一般认为，知识与劳动的分工不同，人们之间偏好的差异，人类及其技术人员创造性和想象力的丰富，知识的积累，环境的变迁带来工具用途的改变，不同技术客体之间像杂交那样的新的组合，以及社会经济、军事、政治、宗教的多样性的需求拉动等是造成这种多样性的根源。

当然技术客体与自然的生物物种不同，它的变异与多样性并非完全盲目的。这一点马克思和波普尔都看出来了，马克思说"区别在于，人类史是我们自己创造的"，而波普尔说："它是目的定向的，并且人们能从新发现的结果中学习。"① 但是一个新的人工客体创造发明之时，谁也不能准确预料，它是否真的能成功地被社会所选择和接受，从而提高人类的适应性生存和发展的能力，这里充满了风险和疑难。随时有被淘汰的危险。例如电动的小汽车、蒸汽的小汽车、私人的小飞机、核动力飞机、超音速客机、核动力客轮、说不定还有某些水电站等人工客体，试制时热火朝天，设计者和生产者都未料到出厂不久就被淘汰，巨大的投资付诸东流。因此就其是否会在商业竞争中成功而广为人们使用这个意义上，技术人工客体多样性的变异如同生物物种变异一样，是带有某种盲目性的，尽管它不是完全随机的。这就必须导致通过竞争与选择而进步。

2. 技术人工客体的选择与淘汰

技术创新能力、技术人工客体的现实的和潜在的多样性表现出类似于生物基因突变的那种过剩多样性，造成一种发明与需求之间的矛盾，于是选择过程便必然发生。并非一切多样性的人工客体都能适应性地生存下来。只有一些与特定的社会、经济、文化环境相

---

① Popper K. , "Evolutionary Epistemology", In, Miller D. *Popper Selections*. Princetion University Press, 1995, pp. 78 - 87.

适应的人工客体的革新与开发才能融入特定环境的洪流，而另一些由于种种原因被淘汰了，进化是通过多样性的尝试以及选择与淘汰而得到实现的。

与生物世界的适者生存相类似，只是选择这些多样性的人工客体的环境，即那些社会经济、文化环境条件变化多端，并且包含了一种不很确定的文化价值因素，而且还是要通过有自由意志的人来实现公共的选择。

首先，选择是有基本约束条件的而不是任意的。在市场经济中，一个人工客体的设计、开发和选择过程的第一约束条件是它在经济上是否有利可图。例如，蒸汽机的使用，内燃机的使用，铁路运输的兴起及其没落等过程，经济因素在其中起着特定的作用。然而军事的因素有时又是决定性的，如果不是第二次世界大战美国要抢在德国之前开发原子弹，在和平时期大概没有一家公司或政府会为了商业用途拿出 20 亿美元来开发不完全有把握的原子弹并用它的材料进行核发电，军事需要是高、新、尖技术被选择的一个重要条件便无可置疑了。然而经济的、军事的选择因素不是唯一的，它常常总是要与一定的文化、的宗教的和其他价值的观点相结合才能起作用。公元 8 世纪到 11 世纪中国先后出现了雕版印刷术和活字印刷术，后者在经济上明显地更有效率，但直到 19 世纪它都没在中国广为使用，那是因为它不能像雕版印刷那样保存完美书写的艺术形式。而 16 世纪末日本的枪炮生产量居世界之冠，可是 18 世纪就为日本武士们的剑与盾所代替，它们之所以几乎被完全淘汰不是因为它的军事效率不高，而是因为剑与盾是武士道精神和英雄主义的体现。雕版印刷在中国以及剑在日本的被选择说明在某种环境中某种社会文化价值在选择中起到支配地位。乔治·巴萨拉说："事实一次次地说明单是生物需要和经济需求都不能决定何物获选。相反，在很大程度上是这两者与意识形态、军事主义、时尚和对好生活的现存看法合起来构成了取舍的基础。"

其次，由于选择的执行者是人，是具有不完全信息的人，因此选择在既定的社会经济文化约束条件下给自由意志留下很大的余地。选择既非决定论的，又非纯随机性的，也非唯意志论的，它是不充分决定（under-determianation）论的。这给自由意志留下充分的选择余地。正是这一点决定了技术人工客体进化论解释的基本特点。

3. 技术人工客体的持续性与保持

技术客体进化有它的持续性。变异和多样性是在技术发展持续性基础上进行的，而选择的结果又通过模仿、复制、大批生产和向外传播而保存下来，这个机制就是一种广义的"基因"或广义的"遗传"。技术人工客体的持续性可以通过两个方面表现出来：第一，每一种人工客体，尤其是已被选择的人工客体，都是通过模仿、复制和批量生产而持续下来的，这种模仿、复制是通过行为的学习和语言与样品的传播而得到实现的，它构成了人类物质生活的一种文化传统、技术传统、工艺传统。第二，每一种发明或新人工客体的产生都不是孤立的、独一无二的，它必定与过去已经造出的人工客体密切关联，即使在非常激烈的技术变革中，这种持续性也不会丢失。原始的金属锯是模仿石头工具参差不齐的刀口而制成的，最初的收割机的收割工具是模仿收割镰刀或剪刀而建立的。瓦特蒸汽机是在纽可门矿井蒸汽机的基础上改进的，而在纽可门蒸汽机发明之前，炉膛、汽缸、活塞、导管、连杆这些东西以及大气压力的发明和蒸汽作用的研究结果早已存在，以致李约瑟说"没一个人可以称为'蒸汽机之父'，也没一种文明可独揽发明蒸汽机的大功"。[①]连最早的电磁电动机是由穿梭于有电流通过的线圈筒中间的磁铁，引起摇杠的往复式运动，再通过曲轴转变为圆周运动而制成，而后二者却依次是纽可门蒸汽机传动的特征和瓦特机的转动方

---

① Bassalla G. , *The Evolution of Technology*. Cambridge University Press, 1988. 中译本：乔治·巴萨拉《技术发展简史》，复旦大学出版社 2000 年版，第 206 页。本节的技术史材料有许多来自此书。

式（图6—4）。

A　　　　　　　　　　　　B

图6—4　A——瓦特的摇臂蒸汽机（1788），
B——19世纪早期的转臂电动机

这些技术人工客体进化的持续性说明技术的自主性发展给技术发展的科学→技术→经济发展的线性模型以极大的冲击，并带来当代许多国家科教政策的范式转变。关于这个问题我们在第一章第二节中和本章第二节中已经讨论过了。

以上所说，是技术人工客体进化论的三大机制，说明技术客体进化也是遵循坎贝尔的盲目的多样性和选择的保持的广义进化规律而发展的。这是技术人工客体进化论解释的基础。为什么我的这支录音笔具有这样微型的结构和这么多优质的功能呢？工程师们可以这样向你解释道：它是经历了如何的尝试→改进，再尝试→再改进，一步步演化成今天的样子的。对人工客体的进化论解释要求说明一个技术客体，它的结构与功能是怎样通过适应环境与人们的需求而被发明、改进与替代的，它通过说明这个选择过程而获得理解。这种解释并不能说明为什么必定是这种结构满足这种功能，必定是这种结构功能满足这种需要。因为进化的历史可以是另一种样子的。因此，人工客体的进化论解释是机制的解释与发生学的解释，但不是演绎的解释，它包含了一个复杂的选择与决策的过程，它与技术行为、技术客体的其他解释形式具有类似的逻辑结构。

第七章

技术解释的新控制理论和
老休谟问题

　　本章试图运用控制论的新理论，将本篇讨论的各种技术解释问题整合成一个层次结构，我们将这种整合起来的统一解释称作技术活动的控制论解释。在这一基础上，我们将讨论技术解释中的事实陈述与规范陈述的关系问题，这就是休谟最早提出的一个老哲学问题。本章力图在技术解释领域里，为解决这个问题提供新的视野。这样，我们首先要交代一下近年发展起来的一种新控制观。

一　新控制理论

　　控制论（cybernetics）一词是美国数学家维纳（N. Wiener）在1948年出版的一本名著《控制论——关于机器中和动物中控制与通讯的科学》中首次使用的。这个词在希腊语中表示"舵手"（steersman）或其同源词"统帅"（governor）的意思。在科学理论上，控制论起源于工程学中自动控制机器的伺服理论或调节原理。它的中心概念是反馈（feedback），即将系统过程的目的状态与当前状态的偏差信号回输到系统过程的输入端以控制系统过程，使之成为目标搜索行为（goal-seeking behaviour）的过程。最简单的例子是：大海航行靠舵手，舵手掌舵靠反馈；空调工作靠制冷机，制冷机能保持恒温靠反馈。维纳以及其他经典控制论的创始人已经认识到：自动控制机器的控制机制，与动物的目的性行为的机制和某些社会生活的组织过程有着共同的控制论规律。不过，自20世纪40年代维纳提出"控制论"一词并组织跨学科研究以来，直到70年代，在这一般原理的研究上仍然没有取得什么新的突破。在这30年里没有取得新突破的原因，根据控制论专家鲍尔斯（William T. Powers）的分析，是因为研究伺服机器的工程控制论的研究丢失了生物学，而理论生物学（包括艾根的超循环理论，普利高津的探索复杂性以及华里拉的自创生理论）的研究却又丢失了作为生命本质的基本控制机制。应该看到，我国对控制论的研究也有这种倾向。例如，钱学森直至1996年出版的《现代科学技术的结构》一文中，都将控制论只列入技术科学的范畴。[①] 而2000年出版的许国志主编的《系统科学》一书，也是将控制论列入它的第10章技术科学层次的系统科学中进行介绍。[②]

但是，20世纪70年代以后，在控制论的元理论研究上有着某些重大的突破，这就是图秦在《科学的现象》（1977）一书中和鲍尔斯在《行为：感知的控制》（1973）一书中分别提出了新的控制观。这些观点经后来的发展，我们认为主要有下列三大突破。

（1）提出一个统一的、科学的、严格的控制论理论框架来解释一切生命系统甚至是一切复杂系统，他们从事实上和理论上确定了"所有有机体的基本特征，就是它有控制能力；它们事实上是生命控制系统"[③]，而"控制论可以一般地理解为研究复杂系统组织的抽象原则"的科学。[④] 这样，他们确定了一切生命现象和社会文化现象的基本控制论事实，并运用控制理论来解释耗散结构理论、协同学、混沌、分形研究以及行为科学和管理科学的各种问题。

[①] 钱学森：《人体科学与现代科技发展纵横观》，人民出版社1996年版，第52页。

[②] 许国志：《系统科学》，上海科技教育出版社2000年版，第321—333页。

[③] Marry Powers, "About PCT," in Tutorials Perceptual Control Theory. The Control Systems Group. Electronic publications, 1998.

[④] C. Joslyn & F. Heylighen, "Cybernetics," in the Encyclopedia of Computer Science, D Hemmendinger, A Ralston & E. Reilly (eds.), Nature Publishing Group, London, 1999, p. 470.

（2）所谓控制，不是外部的刺激（stimulus）控制着行为反应（response）。控制是目的性控制，它不仅是对系统行为的控制，而且是（或而是）系统运用自己的行动对传感变量（perceptive variable，又可译为感受变量或感知变量）进行控制，因而行动者的目的性和自主性在控制过程中占了主导地位。

（3）复杂系统的特别是有机体的或社会文化的控制，典型的是等级层次控制（hierachy control）并对行为或感知的控制等级做了十分优雅的和系统的论述；并特别指出，这些等级控制系统是盲目的变异和选择的保存而不断进化的。这种论述对许多领域都有启发性意义。我们的技术进化论解释和技术活动控制论解释也是在他们的启发下作出的。

鲍尔斯认为，控制的充分必要条件是：（1）对系统可能状态 q 进行约束（constraint），即通过选择与化约（selection and reduction），减缩到 q*，即 q→q*。（2）这个过程无论存在什么干扰与摄动，通过控制者对被控制者的连续不断的约束作用，以至于 q* 是一个不稳定的平衡态或其他类型的吸引子。这样马肯（Rick Marken）给控制下了一个新定义"所谓一个被控事件就是这样一个物理变量，它在招致变异性的各种因素中保持稳定"。[①] 由于任何动态系统和复杂系统都是通过控制在离开平衡态的情况下保持的序结构的，因此控制论和这个定义便概括了范围广大的系统科学，特别是正在流行的自组织系统理论，包括远离平衡态物理学、协同学、混沌理论与复杂适应系统理论。

现在我们来比较一个维纳控制系统的拓扑图和鲍尔斯的控制系统拓扑图（见图7—1、图7—2）。

---

① Marken, Ricard S. (1988), The Nature of Behavior: Control as Fact and Theory, Behavioral Science, V. 33, p. 196 – 206.

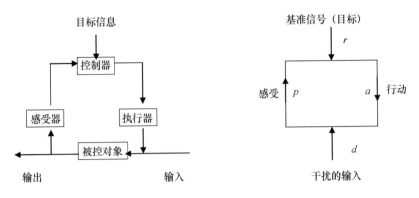

图7—1 维纳的控制系统拓扑图　　　图7—2 鲍尔斯的控制系统拓扑图

维纳的图是从质上来分析的，而鲍尔斯的图是量化的。在鲍尔斯图中，有两个输入，即基准信号（reference signal）r（相当于维纳的目标）和干扰（disturbance）d（相当于维纳的初始输入），但是没有输出。在回路中，从r到d中间有个行动（action）a（相当于维纳的执行器）。从d到r经过一个感受变量（perception）p（相当于维纳的感受器）。由于控制的行动a旨在补偿或缩小被控对象状态与目标的偏差，所以有：

$$a = K \ (r - p) \tag{7—1}$$

这里的行动a是基准层次与感受层次之间偏差的函数，这个偏差越大，所需要的对应行动越大。而感受变量p报告行动a补偿干扰d的情况，是它们二者偏差的函数，所以有：

$$P = E \ (d - a) \tag{7—2}$$

在最简单的情况下，K与E为常数，从式（7—1）、式（7—2）中可以推出许多结论来，在此不能一一加以说明。现在强调的是鲍尔斯的控制论采取了两个革命的步骤：（1）传统控制论将行动或行为看作是被控对象，而新控制论认为环境才是被控制对象，而鲍尔斯认为对于控制者来说，感受变量就是环境的"现象"，所以被控对象就是感受者，换言之，a 控制 p。（2）传统控制论认为是感受与目标的差（$r-p$）控制了行动 a 与输出。而新控制论的观点则认为，在图7—2中根本没有输出，是目标与行动（r 与 a）控制了环境与感受本身（d 与 p）。维纳的控制观是行为主义控制观，是外部刺激控制了行为反应，而鲍尔斯的控制论是建构主义控制观，是行动者（agent）及其行动控制了环境及其传感表现，表现出生命系统或复杂适应系统的那种自主性，以及行为过程、认知过程的主观能动性与观察者在其中的作用。这个理论特别在生命科学、行为科学、管理科学中有很大的意义。

不过图秦和海里津等人认为，被控对象可以是行动 a 的效应变量，也可以是感受到的被观察变量，他们将控制系统划分为两个子系统：控制者和被控制者。于是他们的控制系统拓扑图便有了下列的形式（见图7—3）。

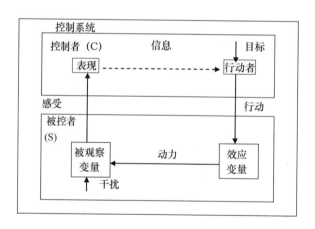

图7—3　图秦的控制系统拓扑图

图秦使用上述图示来表示控制，和他在《科学的现象》一书中创立的元系统转换理论（the metasystem transition theory）有关。他在该书中认为，系统 S 是通过下列的机制而发展为一个更高层次系统的：首次 S 产生了许多复本或变体 S_1，S_2，$\cdots S_n$，然后产生新控制活动形式与控制系统 C 对 S_i 进行控制，系统因此而由 S 跃迁到 $S' = <S_i, C>$。在这种元系统转换的理论背景下，图秦将控制系统看作由控制者系统与被控系统两类子系统组成。在这个图中，仍然体现了行动者及其行动控制了环境（效应变量）以及感受变量（被观察变量）本身。在这一点上与鲍尔斯的控制论精神相同。

更为重要的是，无论图秦或鲍尔斯，都十分强调控制本身，认为控制本身典型的是一个等级控制的过程，而图素还强调，这个等级控制是一个元系统转换的进化过程。人类的社会文化，包括科学现象，都是在这个元系统转换的层次进化中发展起来的。这个等级控制，按鲍尔斯的分析，有如下的拓扑图（见图7—4）。

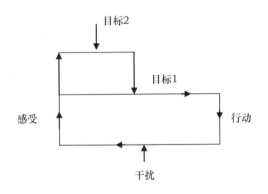

图7—4　等级控制图

这个拓扑图在生物发展和认知过程中的应用，按图秦和海里津的观点，可以概括如下：耗散结构存在着一个控制机制，这就是宏观序控制着微观的分子的反应和随机的运动。但单纯的耗散结构仍然不是活的。生物起源中产生了第二级控制，这就是 DNA 控制着耗散结构的过程，控制着酶的产生和抑制，从而控制新陈代谢。如果将生命的运动看作是控制者，它对自己的位置进行控制，则这种运动必须受高一层次的控制才能生存。在生物进行过程中，有机体的感受性（包括它的感觉、对环境的识别等）便控制着有机体

（特别是微生物与动物）的运动，使其趋利避害，适应性生存。细菌和阿米巴的行为，就是受这种控制系统的控制。这个高层次系统独立地物化为将感受器官与效应器官联系起来的神经系统，作为一个独立的子系统而存在于生物有机体中，这就是感受性或简单反射（simple reflex）对运动的控制。然而各种感受性之间必须协调，而低层次的目标常常需要改变，这就引出下一个元系统转换的出现对简单的反射的控制，它就是复杂反射（complex reflex），与此相对应，有一个较为复杂的神经网络进行操作。例如人体受细菌或病毒感染时，必须协调体温舒适的目标与杀菌除毒，以达到生活舒适的目标。于是发高烧就是对低层次反射的目标的控制。复杂反射与生俱来，并不能完全适应环境，下一个控制层次便是通过联想（学习能力）对复杂反射进行控制。它是有机体按照它的生活经验，改变已有的反射，超越基因硬件对行为控制的范围。然而联想只是将已有的、已经验过的意象联系起来的控制有机体的反射，例如，它能将鲜花与芬香的感知联系起来，但却不能将鲜花的意象与音乐联系起来，于是，思想的出现就是对联想的一种控制，通过语言体系和概念体系控制人们的各种联想，以达到最后控制人们的行为的目的。思想又由什么控制呢？那就是社会文化。如果以 A←B 表示控制者 B 控制 A，则图秦的控制层次，可简单表述为：

位置←运动←简单反射←复杂反射←联想←思想←文化

而鲍尔斯则在人类控制系统中分出了 13 个层次，比较重要的有 9 个层次，这就是：

张力（intensity）←感觉（sensation）←型构（configuration）←转换（transition）←序列（sequence）←关系（relalionship）←程序（program）←原理（principle）←系统的概念（systems concept）

依据图秦和鲍尔斯的层次控制论思想，我们便可以分析技术行为的控制问题和技术活动的控制论解释了。

二　技术活动的控制论解释

1. 对技术行为的控制

我们曾经讲过，技术是人类为达到某种实践目标、满足自己的某种实际需要的智能体系。这个智能体系的发挥，表现为一个过程。技术活动与技术行为主要就是运用这种智能体系进行设计、制造、调整、操作和监控人工事物的过程。我们在第五章中讲到技术行为的解释，讲的是用技术意愿即想要达到的技术目标以及对达到目标的手段的信念来解释人们的技术行为。这种信念，表现为一种对目的—手段的关系的认识。目的、手段关系的组合就展开为目的—手段链，它规定一连串技术行为的有规则的集合，人们将这个有规则的集合称作技术规则。我们有信心，只要我们按照技术规则办事，我们就一定能达到我们的技术目的。所以详细一点讲，技术行为的解释就是用目的性意愿和规则性信念对行为进行解释；这里解释是一个从意愿—信念—规则到行动的实践推理过程。

现在看来，我们在第五章讲的这种解释的性质是线性的静态的解释，我们没有讨论到当着一种行为或行动没有达到或没有完全达到技术目标时，人们一般都要改变他们的行动。这种技术行为的改变应如何解释呢？例如针灸足三里穴位，未能治好偏头痛，人们应如何进行新的行动呢？这里有三种可能性：（1）改变治疗的目的；（2）改变技术的规则；（3）改变实现技术规则的条件与方法。例如，如果认为某人的偏头痛顽症本来已经找遍了各地的中医、西医看过，都没治好，而针灸只是抱一线希望的一种最后的尝试。既然针灸无效果，就只好放弃积极性的治疗而采用姑息疗法，吃止痛药以减轻痛苦吧！这是改变行为的最终目的。对于改变行为目的的解释，我们在后面还要讨论。至于改变技术规则，也是常有的事。例如针灸"足三里"穴位未能达到预期的效果，就有可能改变针灸的穴位，或增加一些别的穴位，研究出一个新的针灸的治疗方案，定下新的技术规则，中医的针灸医学就是这样不断摸索、不断改进的。改变技术规则，已经属于技术控制的第二个层次，现在我们还是从不改变技术行为的目的，不改变技术行为的规则来看技术行为的改变或改进。这时，我们认为技术目标没有达到或没有完全达到，问题不在于某个技术目标不可能达到，也不在于技术规则发生错误，而是技术行为偏离了技术目标和技术规则的要求。例如，针灸医生用针的技巧不到位，没有插准穴位本身，或者插针的时间不够长等。于是改进用针的方法与技术，便成了修正的、改进的或更新的技术行为。这种技术行为的变化，可以用下列控制论模型加以解释（图7—5）。

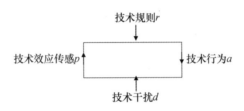

图7—5　技术行为的控制论解释

按照上述讨论的鲍尔斯公式（7—1），即 $a = K(r-p)$。遵循一定的技术规则，是技术行为 a 的一种目的。鲍尔斯很恰当地称它为基准信息或参照变量 r。由于我们观察到，技术行为的效果与技术规则之间有相当的差距，即 $r-p \gg 0$。这些差距可能是由于技术人员的技巧水平或环境变化造成。这就引起新技术行为的出现，要求针灸医生应该重新学习插针、摸准穴针、插到恰当的深处和保持恰当的时间等。这些就是技术规则对技术行为的控制论解释。它是一个从意愿、信念到效应再到行为的解释模型。

解释者：（1）意愿信念项：行动者意愿遵守技术规则 r 并相信遵守 r 会达到技术目的；

　　　　（2）效应观察项：行动者发现过去的技术行动有偏离技术规则的情况 P；

（3）行动调整项：行动者根据 r 与 p，认为为了达到 r，应该改进行动条件，调整自己的行动。

被解释者：

（4）新行动陈述项：行动者实际上采用新的行动 a'。

上面所讲的针灸医生重新针灸病人足三里穴位的改进行动，就在上述解释模型中得到解释。根据这个解释模型连同图7—5进行分析，我们可以发现，有关 r 的陈述（1）是采取规范陈述、意向陈述的形式，而关于 p 的陈述（2）则是一个不带价值判断的描述陈述，它只是客观地描述行为的一种效应。而关于 a' 的新行为要求的陈述（3），本质上是一个规范陈述，即说明我们应该有行动 a'。为什么应该采取 a' 的行动呢？因为我们已经实际上偏离了 r，如果不采取 a'，则不能达到 r。而为了达到目的 r，我们应该采取行动 a'。上述陈述（4）则是一种事实陈述，说明行动者实际上已采用 a' 了。上述的实践推理，是一个"应然"判断加上一个"实然"判断推出另一个"应然"判断，而由"应然"判断的被执行，而推出一种"实然"判断的推理过程。

2. 对技术规则的控制

前工业社会，即农业与手工业时代，人们进行技术活动的规则是保守的。这就是说，无论耕种的技术活动，手工艺的技术活动或者行医的技术活动，它们所遵循的技术规则、操作规程，其变化是相当缓慢的。它通过父传子、子传孙的方式，以及一些行会的秘诀的解读而代代相传。试看我国古代炼丹家怎样描述水银的性质及其制法吧。汉朝炼丹家魏伯阳记录了这样一段话，其中水银，记为"河上姹女"；丹砂，即硫化汞，记为"黄牙"。他说："河上姹女，灵而最神，得火而飞，不见埃尘，鬼隐龙匿，莫知所存，将欲制之，黄牙为根。"[①]只有那些同行的炼丹家们才能领会这些秘诀。至于《周易参同契》以及道教的丹书讲到内丹问题，一直到现在还没

---

① 转引自张子高《中国古代化学史》（初稿），第109—142页。

有完全解读出来。当然这个技术规则也是变化的，是在一种文化背景的控制下进行变化的。由于变化不明显，变化具体机制不明确，因此技术行为的多层次控制的内部结构在前工业社会还没有明显地表现出来。这主要是由两个原因造成的：

（1）人工技术产物及其结构功能的相对不变性。特别是生产工具的种类和变异是比较缓慢的。如果你到一些经济欠发达的农村看一看，农民使用的铁犁、铁耙、铁铲、斧头、锄头之类，你会在博物馆秦汉时代的遗物中找到类似的东西。如果你将这种情况与当代电脑发展的所谓摩尔定律来比较一下，你就会明白前工业社会技术规则的保守性。摩尔定律说的是：微处理器中晶体管的数量每18个月翻一番（运算功能也相应增长1倍），而硬盘和其他海量存储器的容量则是每10个月到12个月就增长1倍。

（2）那时的技术规则的基础不是建立在自然科学研究的基础上，而是建立在工匠的工艺积累的经验基础上，缓慢地经过试错法，受一种经验进化机制的调控。

大工业的发展和科学在技术中的应用，使得在技术经验进化机制和社会文化调控机制与技术规则对技术行为的调控之间明显地增加了好几个控制层次：人工客体的结构功能规律性的认识与设计对技术规则的调控，科学技术中的开发研究对人工客体结构功能规律性的调控，工程技术科学概念对开发研究的调控，基础科学和应用科学的研究对工程技术科学的调控等。这几个新调控层次的形成，使得技术行为和技术进化的解释更加完备了，同时技术的发展也因此而突飞猛进。

如果这里讨论的技术规则指的是人们设计、制造、调试、操作或监控某种人工客体的技术规则，则我们可以明显地看到，该人工客体的结构、功能及其规律，决定着、支配着人们的技术规则。我们在第五章讨论的技术规则的因果解释，主要就是运用人工客体的结构内部各组成部分的因果关系律以及结构与环境，结构与功能之间的因果关系律来对技术行为规则进行解释。这种因果关系律特别在人工客体结构的运作原理和具体型构中表现出来。例如，生产和使用蒸汽机车，依照蒸汽机的运作原理和具体型构，有一套基本的技术行为规则，而生产或驾驶某类民航客机，依照民航客机的结构运作原理在具体型构中的实现，又有另外一套技术规则需要相关人员执行。叫设计与制造蒸汽机的工程师去制造飞机，或叫火车司机去驾驶民航飞机，风马牛不相及，是完全行不通的。因为彼此的技术规则不同。这里我们便可以看到人工客体的结构功能对技术规则的决定作用和调节的作用。当按一种技术规则行事的技术行为达不到或不能完全达到人工客体结构、功能在特定环境下的要求时，人们通常要改变或修正自己的行为的方式和技术的规程，例如，20世纪初，美国福特汽车制造厂改变一人一机的生产技术规则，创造了流水作业的技术规则，就是汽车生产的结构、功能、效率要求对技术规则进行控制的一个实例。这就是人工客体的结构功能规律的要求控制人们的技术规则。

如果我们能够对人工客体的结构与功能做出严格的划分，那么我们便可以看到，人们首先考虑的目标是实现人工客体的功能，为实现某种功能，工程师设计会选择不同的结构，选出最有利于实现特定功能的结构，而一定的结构，有一定的运行原理和操作规程。详细说来，正是人工客体的功能控制着结构，结构控制着人们生产和使用这种结构的技术规则。于是，人工客体的结构功能对技术规则的约束与控制是由两个控制层次而不是由一个控制层次组成的（见图7—6）。

3. 对人工客体的结构功能的控制

当代技术发展日新月异，科学家和工程师们不断设计出各种人工客体，不断改进它们的结构与功能。这个创造和改进人工客体的结构功能的过程由什么来控制呢？当然，前面我们已经讲过，它们最终由最后两个控制环来调控，这就是社会文化的调控和自然选择、天然淘汰的进化论调控。不过，科学的研究，包括基础科学、应用科学和工程技术科学的研究，对于设计和改进人工客体的结构

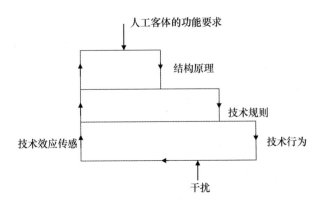

图7—6　人工客体的结构功能要求对技术规则和技术行为的控制图

与功能起到直接或间接的作用，正像进化认识论创造人坎贝尔所说的，这些中间环节，起到代理选择器的作用。

在第六章的图6—4中，我们看到最初的电动机的结构与功能，它保留了蒸汽机的某些结构特征和技术规则（即纽可门机的摇杠往复运动）与瓦特的曲轴使其转换为圆周运动。这个结构功能设计是由一种经验规则的惯性做成的，但其产品未能很好地解决电动机效率问题。人们需要一种新设计，最有效地利用电磁感应的科学定律，于是，技术家们设计了由转子、定子组成的电动机，随着直流电和交流电的应用科学技术的发展，日新月异的直流电动机、交流电动机发展起来。人工客体结构功能的创造与改进是科学家和技术家运用应用科学与技术科学知识对之进行控制的结果。再来看看永动机设计的例子，十五六世纪以来，一直有无数的永动机设计和专利申请书提交到科学技术的有关部门，这些人工客体结构功能的设计，是注定要被天然淘汰的。但是只有热力学第一定律和第二定律的发现，证明了第一类永动机和第二类永动机不可能，它代行了自然选择，宣判了这些永动机的死刑。19世纪中叶，法国科学院最后宣布，不再接受永动机专利的申请。这就是理论起到坎贝尔所说的天然淘汰的代理选择器的作用。

随着 20 世纪科学与技术的分化与结合，各大公司的开发实验室或 R&D 实验室的建立，基础科学、应用科学、技术科学以及开发研究对人工客体的结构功能设计与制造的调控就成为相对独立的组织，一个分离的子系统存在于社会经济体系中。R&D 实验室里的科学家和工程师们，确定新技术的开发目标，寻求新的人工客体的设计与制造的方法，作出成果后再指导低层次的技术结构、功能的设计、制造和运行以及相关的技术规则和技术行为的建立。这样我们可以看到下列技术行为的等级控制层次。

（1）自然选择对社会文化体系进行控制，淘汰那些落后的与人类适应性生存与适应性发展不相适应的社会文化系统。这是一个进化社会学与进化伦理学需要研究的问题。

（2）社会文化系统对科学思想和科学理论进行控制，调节科学思想和科学理论的发展，特别是科学方法论和科学伦理思想对基础科学和应用科学的研究起到极其重要的调节作用。这是科学哲学和科学伦理学需要研究的问题。

（3）基础科学研究对应用科学和工程技术科学进行控制。基础科学每当发生重大突破，就很可能引起应用科学和工程技术科学的变革。当代基础自然科学的研究，正以空前的规模和速度应用于技术中，产生工程技术科学的理论与实践的进步。当代一系列新兴工业，如基因工程、电子工业和电脑工业、高分子合成工业、原子能工业、宇航工业及其相应的工程技术科学都是以基础科学突破为基础，在基础科学发展的控制下发展起来的，并继续受到科学发展的调控。这是技术社会学，科学、技术与社会（即 STS）学科需要研究的问题。

（4）应用科学、工程技术科学以及开发研究对人工客体结构功能的设计与制造的调控。这是需要当代 R&D 实验室加以解决的问题。

（5）人工客体结构功能规律对技术规则的调控。上面我们已经讨论了这个问题。

（6）技术规则对技术行为的控制。上面我们也讨论了这个问题。

以上，就是我们对技术活动的六个等级层次控制的分析。对它的详细研究，将会构成对技术进化的全方位的控制论解释。

三 技术解释中的"是"与"应该"问题

凡是讨论人类行为问题，特别是人类行为的解释问题，都不可避免地遇上了"是"陈述和"应"陈述的关系问题。近年来经济学和管理学中的决策论与博弈论、进化论的伦理学，新功利主义伦理以及生态伦理的讨论都频频地遇上了这个棘手问题。我们在本书中讨论技术认识论问题也不例外，特别是技术决策和技术解释问题，最基本的问题仍然是我们是否有可能从科学技术中的事实陈述"推论"出技术功能、技术规则和技术行为的规范陈述，或者相反，从技术规范陈述"推出"技术中的"是"陈述问题。这里"推出"一词是极有歧义的。人们的争论最后可能集中在这个词的含义问题上。

不过由于技术行为十分强调"按客观规律办事"，即在研究自然因果规律和技术人工客体的结构运行规律的基础上进行决策，便使得事实陈述在技术行为的规范论证中占有不可或缺的地位。于是问题便更加尖锐，因而就可能作为一个突破口，为比较好地解决"是"与"应该"的古老哲学问题提供一些较为有力的论证。

1. 休谟问题

在讨论人类行为、人类技术行为特别是人类伦理行为的论证时，休谟的最大功绩就是严格区分了"是"陈述（实然陈述）和"应"陈述（应然陈述），即事实陈述与规范陈述的区别，明确地提出了规范的规则不能从经验的事实中导出的观点。他说："在我所遇到的每一个道德学体系中，我一向注意到，作者在一个时期是照平常的推理方式进行的，确定了上帝的存在，或是对人事作了一番议论；可是突然之间，我却大吃一惊地发现，我所遇到的不再是命题中通常的'是'与'不是'等连系词，而是没有一个命题不是由一个'应该'或一个'不应该'联系起来的。这个变化虽然是不知不觉的，却是有极其重大关系的。因为这个应该或不应该既然表示一种新的关系或肯定，所以就必须加以论述和说明；同时对于这种似乎完全不可思议的事情，即这个新关系如何能由完全不同的另外一些关系推出来，也应当举出理由加以说明。"①

看了休谟这段哲学上的警世名言，我们不禁出了一身冷汗，我们从第四章的论述开始，是否已不知不觉地陷入几百年以前休谟警告我们不要陷入的圈套呢？我们讨论技术行为的愿望、信念解释时，我们从"应当"（怎样做）过渡到事实上我们"是"怎样行动的；我们在讨论技术行动规则时，我们又从自然因果律的描述陈述的"是"过渡到我们技术行为的规范的"应当"。在我们讨论功能解释时，我们又从我们所要求的功能这个"应当"达到什么目的，过渡到我们所设计的人工客体的结构"是"什么，它们"是"怎样运作的。最后我们在技术进步的进化论解释和控制论解释中，又一层一层地从"是"过渡到"应当"，又从"应当"过渡到"是"。对于我们"这样做的合理性"，我们能像休谟所要求那样，"举出理由来加以说明吗？"我们的回答是：肯定的。

我们十分感谢休谟先生。他在几百年前已经严格区分了"是"陈述和"应"陈述，警告我们要"谨慎从事""留神提防"，不要从"是"陈述中推出"应"陈述，反之亦然。这里休谟的"推出"指的是严格意义上的演绎推出，为什么这里不能演绎地"推出"？我们认为理由很简单。在逻辑演绎中，结论不能包含前所未有的又不能按前提来定义的东西，如果要包括它们，就要在前提中补充一个将前提概念和结论概念联结起来的联结公理或桥接原理（如"是"与"应"的联结公理或桥接原理）。关于这个问题可参看第

---

① 休谟:《人性论》,关文运译,商务印书馆 1983 年版,第 509—510 页。

六章第四节讨论"对应原则"的段落，在那里将前提中本来没有的宏观概念与原有的微观概念联系起来了。

我们认为，休谟讨论是与应该的关系的问题时有一个最大的缺点，就是他没有说明"是"陈述与"应该"陈述之间到底是什么样的关系。既然"是"陈述不能演绎地推出"应"陈述，那么"是"陈述可以归纳地推出"应"陈述吗？可以"类比"地推出"应"陈述吗？可以直觉地引出"应"陈述吗？特别是，它可以解释地论证"应"陈述吗？还有，它可以因果地或控制地约束或决定"应"陈述吗？我们认为后面这些问题才是"是"与"应"的逻辑关系或论证关系的关键之所在。

2. 技术解释中的"是"陈述与"应"陈述的解释相关

在技术推理中如同在道德推理中一样，通常都不是从"是"陈述单独推出"是"陈述，也不是从"应"陈述单独推出"应"陈述，而是从一组"应"陈述加上一组"是"陈述推出某一"是"陈述或某一"应"陈述。例如，如果我们要问，为什么医生 A 在检查病人之前或之后都应该洗手，这里要求对 A 医生应该洗手进行解释。解释者可以这样回答：因为医院规定一个守则，凡医生检查病人，无论是在检查前还是检查后，医生必须洗手（这是一个"应然"判断，是"应"陈述，它是一种规范陈述，说明医生的技术规范），而 A 是一个医生（这是一个"实然"判断，是"是"陈述，说明医生行为的一个事实）；所以，A 医生应该在检查病人前后都应去洗手（"应"陈述）。这里我们的确不能单独从 A 是医生的"是"陈述中逻辑地推出 A 应该洗手这个"应"陈述，但不应否认 A 是一个医生的事实陈述与 A 应该洗手的规范陈述之间是解释相关的。或者更广泛地说 A 是医生与 A 应遵守医生的技术规则是解释相关的。同样，"吸烟有害健康"是一个医学事实判断，是可以用经验的或统计的方法加以检验的。但我们不能单从"吸烟有害健康"这个"是"陈述推出"我们不应吸烟"这个"应"陈述。如果要从前者推出后者，我们必须补充一个"应"陈述前提：我们不应损害自己的健康。但是不能否认，"吸烟有害健康"这个"是"陈述与"我们不应吸烟"这个"应"陈述是解释相关的。

这个解释相关，可以从逻辑上，也可以从本体论上，或者同时从两个方面进行分析。从逻辑上看，这个解释相关可以表述如下：在技术解释的论证中"是"陈述不可能成为得出"应"陈述的充分条件，但它却是得出"应"陈述的必要条件，这就是它们在逻辑上解释相关。我们试拿一个法律上的"应"命题的论证来作类比。对于一个作案罪犯应判什么刑的问题，这是个"应"命题。对于这个"应"命题的确定和解释是完全理性的，是不可能依靠法官的"灵感""直觉""猜测"作根据的，也不能乞于某种"启示""比喻"与"人情"来作结论。它必须首先详细调查案情事实做出事实判断，连任何一点蛛丝马迹都不放过。然后再依法律的价值判断对这些事实进行衡量，并且控告律师和被告律师双方还要对此进行激烈的辩论，然后做出判决。所以详细调查案情的"实然"判断是依法进行判决的"应然"判断的必要条件，是不可或缺的，如果认为"是"命题与"应"命题在逻辑上毫无关系，那就大错特错。在技术上，情况也是一样，要做出"我们应该实施三峡水利工程"或"我们应该实行南水北调"这个宏伟计划的决断。当然需要进行许多调查研究，弄清一系列相关的事实。如果预先有个立场，那就有可能会歪曲事实。所以事实判断是价值判断的解释基础或解释基础之一，似乎是不成问题的。

在技术解释中，"是"陈述与"应"陈述之间的解释相关从本体论上说，是因果相关，目的—手段相关或发生学相关。我们为什么要采取某种技术规则？为什么要按这些规则进行技术行动？例如，医生为什么要采取巴斯德消毒法？因为它与空气中和其他环境中存在大量微生物这个状况因果相关。我们为什么应该采取戒烟的措施来医疗你的支气管炎呢？这是由于它与抽烟引起支气管炎这个事实判断因果相关。当我们用某种"是"陈述来解释某种技术上的有目的性行为的时候，我们通常都是寻找一种手段以达到一定的目的。所以这里技术解释之所以有理，那是因为存在着作为"是"陈述指示出来的手段与作为"应"陈述指示出来的目的存在着手段—目的相关。为什么电视机、电子录音笔具有如此好的可以用价值判断来表述的技术功能呢？我们用它具有什么样的集成电路结构来解释它。这种解释之所以是合理的，是因为后者是实现前者的手段，它们是目的—手段相关的。至于用进化论来解释一种新技术，淘汰了另一种旧的技术，例如，拖拉机淘汰了耕牛与铁犁、铁耙，这也可以看作是一种发生学的解释。就如同为什么乱伦作为一个道德标准出现，我们可以用"如果不禁止乱伦就会带来整个家族或部落健康水平下降，导致整个部落的衰退"来加以解释。种族的衰退这个事实判断与禁止乱伦这个道德判断解释相关，在本体论上说是发生学相关的。一些对进化伦理的批评者走向极端，完全否认"是"陈述与"应"陈述之间的解释相关是毫无道理的。

技术解释中的"是"陈述与"应"陈述的解释相关的判别标准可以借用科学哲学家 J. F. Fetzer 的因果蕴涵（记作：⇒）的概念来表达。他用 =u⇒ 表示一种普遍因果倾向，其强度为 u；用 = P⇒ 表示概率因果倾向，其强度为 P（定义域为 <0，1 >）。如果我们补充一种手段能达到目的的倾向，用 =m⇒ 表示，其强度为 m，则我们可以创造一个概念，叫作"作用蕴涵"，也用⇒表示。这样 Fetzer 的解释相关判据在形式上依然不变。即当

$$（Rxt\&Fxt）= m{\Rightarrow}A_{xt}{}^{*} \neq （Txt\&Fxt）= n{\Rightarrow}Axt^{*}$$

成立时，即在参照类 R 中，有 F 时产生 A 的作用倾向 m 不等于无 F 时产生 A 的作用倾向 n 时，则我们称 F 出现与 A 出现为作用相关，而表达 F 的命题与表达 A 的命题之间有解释相关。这里 Axt^{*} 表示 A 是 x 与 t 的函数。[①]

下一节，我们讨论"是"陈述与"应"陈述之间的另一种本

---

① James H. Fetzer, *Philosophy of Science*, New York: Paragon House, 1993, p. 76.

体论相关，这就是控制相关。

3. 技术解释中的"是"陈述与"应"陈述的控制论相关

我们上面曾经讲过，休谟本人虽然最早提出了"是"陈述与"应"陈述或描述陈述与规范陈述之间的关系，但他只说明了二者的区别，至于二者之间到底存在什么样的联系（逻辑的联系或其内容的本体论联系），他始终一言未发，留给后人一个广阔的思考余地。

当代的科学研究和哲学研究，常常带有跨学科的性质，因此采取模拟的研究，即跨学科类比常常是很有用的。人类语言的信息流以及人类的目的性行为是一个复杂的多层次的控制系统。我们不妨从其他技术系统的目的性行为来看看它们的信息流的性质及其关系来对"是"与"应该"的关系做一番计算机模拟或生命模拟的研究。首先一个非生命的控制系统是有目的设置的，不过它是由设计者或使用者供给。但一个生命的目的系统，有它的内在目的信息。这个目的信息不像伺服机器一样是由外部加给它的，而是自身具有的。这些目的信息或者存在于先天的生命体的 DNA 中，或者存在于神经系统中，特别是中枢神经系统中，通过后天习得而被组织起来。这是第一类信息，有些控制论著作称它们为基准信息（reference information）。例如，人类以及其他非人类的高级动物具有恒温信息、体液的平衡要求，都是来自基因的编程，是一种由 DNA 决定的基础信息。第二类信息是从环境变量或被控对象状态变量经感受器传达的信息，这些信息并不直接改变行动者的状态，它是以一种模型或形象，对被控对象或环境进行描述与表现，相当于人类语言中的"是"陈述，我们称它为描述信息。第三类信息是控制者向行动者发出的信息，传达一种必须进行某种行动的指令（command），以改变被控对象的某种可能的状态。被控对象如果没有自由意志，它对这些指令的要求行动几乎无可选择。当然由于绝对准确地执行指令是不可能的，它的执行结果对于这个指令会有所偏离，这些偏离又作为描述信息回馈到控制系统中。在机器中，计算机的程序语言就起着这种指令信息的作用，控制火箭飞行的电磁信号起着这种作用。它相当于人类语言中的"应"陈述或规范陈述，我们称之为规范信息或指令信息。这三种信息流或消息流，可参照鲍尔斯的控制系统拓扑图，图示如下（见图7—7）。此图中，我们要特别记住，控制系统有三类信息，不可混淆：①目的信息或基准信息 g_i，g 表示 Goal，即目的，i 为 information 或 message，译作信息。②规范信息或指令信息 a_i，即行动者 agent 所进行的行动必须遵循的信息。③描述信息或陈述信息 P_i。

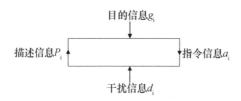

图7—7 控制系统中的信息流

根据第一节的论述，指令信息或规范信息是目的信息与描述信息的函数，即

$$a_i = f\,(g_i,\ P_i)$$

在上式中，当我们不讨论人类实践和认识行为时，我们明显地可以将 P_i 看作自然状态的"是"陈述而将 a_i 看作自然状态的"应"陈述。只是当我们人类语言介入其中时，由于自由意志的作用，情况变得复杂起来。不过它也不会离开由它所产生的自然基础。

当一个控制系统目的信息已经确定的时候，系统的行动规范信息依函数关系由描述信息决定。这就是控制系统中的"是"与"应该"的关系，例如，当地球生态系统处于发展的上升阶段时，地球生态系统有一种自动控制即自动调节的能力。它的目标信息或基准信息由层次地组织起来或平行地联合起来的并包括人类控制系统在内的许多控制系统共同决定，使得它的目的就是趋向于保持生态系统的稳定、完整、多样和优美。当生态系统的变化偏离这个目标时，例如，某一些物种过分繁殖从而打破生态系统的目标要求的动态平衡时，生态系统自身也有一种力量，淘汰那些过分繁殖的物种的多余的个体，甚至淘汰掉这个物种本身，使其恢复完整性的平衡。这种恢复平衡是一种客观的律令，是一种自然的"应该"（natural "ought"），它是依生态系统失衡情况的被描述的消息（descriptive messages）和目标信息（goal messages）二者比较来决定的。但是，在整个生态控制系统中，人类生存与发展的控制系统如同其他物种的生存和发展自控系统一样，是其中一个，并且不是一个最高的层次，它们都受生态系统的客观目标所控制。在现代工业技术出现以前，总体说来，人类的生存、发展与总体生态系统协调发展着。但是，自工业革命以来，工业的生产方式是"直线式"的，人口的增长是"指数式"的。环境一经开发便不能"复原"，产品一经生产与使用，废气、废物、污水、有毒化学物质都不能被生态系统吸收、消化而回复到循环的起点；而人口的增长及其对资源的开发导致每年有数千种物种不自然地灭绝。人类造成的生态危机远远偏离了生态系统的目标状态或基准信息，这种情况在生态系统中造成一种"自然的律令"和"自然的应该"指令，我们采取措施恢复生态的平衡。正像人有取得自然资源的自然权利一样，每个人都有保护环境的自然责任。如果人类不履行这个自然责任，生态环境本身有一种自然的力量来恢复这个平衡，例如通过癌症、艾滋病、毒物这些自然杀手来消灭大量的人口以保持生态的平衡。这是"自然的惩罚"。所有这些都是在类比意义上讨论"是"与"应该"之间的控制论关系。这里我们并不想说明非人类中心的生态伦理原则可以从自然事实，甚至从"自然应该"中演绎地推出。无论人类中心伦理还是生态中心伦理都不能从"自然陈述"甚至"自然应然陈述""自然目的陈述"中推出，但都可以用这些陈述来"解释"它。这里由于我们不讨论伦理问题，我们不做扩展的论证。不过与生态控制系统理论密切联系的生态意识、生态文化或生态伦理，作为一种文化形态，控制着科学技术的理论，进而又控制着生态技术的结构、功能、规则与行为。生态技术的基本特征就是构造一个这样的循环技术系统或循环生态系统，当输入物质能量生产了第一种产品之后，其剩余物或"废料"第二次使用成为生产第二种产品的原材料，以此类推，直至其剩余产品对生物无害并能为自然界吸收为止。这就是循环式的工业技术与循环式的生态运动相协调，这就是未来技术发展的生态控制论解释。

我们再来看看，从控制论的观点看，医学技术是怎样将"是"陈述与"应"陈述联系起来的。人体有自动保持健康状态的趋势，这是它的自然目标，当外界病原体，如某种病菌入侵时，它由传感器官将描述信息经神经通道传入大脑（这是"自然的是"），大脑依照这种信息向调节器官发出指令信息，将人体的体温升至39℃以抑制病菌的生长（这是"自然的应该"）。医生则从技术上采取行动，将检查病人的病症陈述（病情报告的描述陈述，它是观察、实验上的"是"陈述）加以研究，开出治疗方案，采取注射抗菌剂、口服抗菌液等方法。这个医疗的指令是"应该"陈述，这不是"自然上的应该"而是"实践上的应该"。这个实践上的"应该"陈述当然应该是病情"是"陈述的函数。我们的方法、政策、方案等从哪里来？从调查研究当中来。这就是"是"陈述向"应"陈述的转化。这个转化的一个中间环节，有时心照不宣视作当然，这就是目的性陈述。我们已经说过，它是规范陈述和事实陈述的联合。

类比于自然的描述信息与自然的指令信息，我们就会更加清楚地看到，在人类实践行为中，"是"陈述与"应"陈述存在着一种控制论的相关。这在经典控制论中，是一种传输函数的关系，而在现代控制论中，它们是认知与行为的控制相关。

附录　技术解释的典型理论译述和评论

一　邦格的技术哲学

(一) 综述和评论

邦格（Bunge M.）是著名科学哲学家之一，20 世纪 60 年代他就提出要建立技术哲学的学科。他在 1967 年出版的《科学研究》两卷本中，将技术主要看作是"科学的应用"，因而在该书的第三部分"科学观念的应用"中，分为下列三章论述：①解释；②预言；③行动。第三章所讨论的就是技术哲学的主要内容。本书 1998 年修改再版，更名为《科学哲学》，仍然采取上述结构。这是他研究技术哲学的第一阶段，主要将技术哲学作为科学认识论和方法论的一个组成部分来加以研究。

1985 年，他出版了《哲学全书》的第七卷《科学哲学与技术哲学》，进一步提出了技术哲学学科中的各个领域问题。他说："技术哲学是从所有的哲学分支中萌发生长起来：包括研究人工事物性质的本体论问题；研究特殊的技术知识及其与基础科学与应用科学关系的认识论问题；研究如何确定理性行动概念即由设计与计划指导的行动的概念的实用主义的（或人类行为学的）问题；研究确定和分析诸如功效（efficiency）与可靠性（reliability）这些典型的技术价值的价值学问题；研究技术的各个不同分支必须遵守的道德规范等伦理学问题。而实际上每一个这样的论题都是一整个问题的系统，具有很大数目的相互关联的组成部分。例如，人工客体本体

— 141 —

论，就不仅涉及工具与机器，而且包括诸如设计、计划以及从象棋与电脑到人工饲养的牲畜以及人工社会组织这样的知识导向的生产的各种概念工具。"① 在该书中，他并进一步将技术划分为经典技术、信息技术、社会技术、一般技术几部分来进行哲学反思，展示了一个比较系统也比较成熟的技术哲学体系，技术哲学和科学哲学并列地出现于这本著作中，这和我们今天的哲学分科很相像。

不过，邦格技术哲学的中心，还是在于他的技术认识论，即对作为知识体系的技术知识实体（body of Knowledge）作哲学分析。他认为，大多数哲学家都忽视了作为现代文化的主要组成部分和原动力的技术，只有少数（包括他本人在内）的哲学家，才不仅受到对技术的一片赞扬声或一片诅咒声的冲击，而且对技术这个知识实体作哲学的输入与输出的分析。在这方面，他的代表作就是他的《科学哲学》一书的第三部分的第 11 章："行动"。所以我们将它选译出来。

他认为，技术认识论有三个重大问题：①行动的效力或真理与行动的区别问题；②规则与规律的关系问题；③技术预测对人类行为的影响问题。正是这三个问题导致技术哲学的兴起。

邦格认为科学与技术的区别，科学理论与技术理论的区别就在于真理与行动的区别。这个区别有重大的认识论和方法论意义。他指出：从实践角度看，技术和技术理论比科学理论丰富，因为它不仅要研究过去、现在和未来有什么东西存在和可能存在，而且要研究为改变现状，我们应当做什么（what ought to be done），而它们所造的东西原本自然界并不存在。但从理论角度看，技术和技术理论比科学理论贫乏得多：因为它的主要兴趣在于研究人的尺度范围里事物发生的可控效应。它不想知道与他们实践效果无关的广阔的领域，而将它们图示化为一个黑箱。因此，虽然科学真理使技术行

---

① Bunge M. , *Philosophy of Science and Technology*. Vol. 7 of the *Treatise*. Dordrecht – Boston: Reidel, 1985, Part Ⅱ, p. 219.

为成为最大理性的行动，科学真理的应用可以使（但不完全保证）它取得成功。但技术上的实践的成功与失败并非科学的真理性的客观标准。这是因为：

（1）一个假理论所包含的真理颗粒应用于实践而取得成功不能证明这个假理论的真理性。

（2）实践中对精确度的要求远比检验科学理论所要求的精确度低得多。一个简单、粗糙的不很正确的理论常常比一个全面的、精确的、深刻的理论更有技术效用，更受技术家们的欢迎。

（3）大多数基础科学理论无实践效用，因为它们不属于人们生活实践所处的那个层次。

（4）实践上的成功是复杂事物的多变量联合的结果，鉴别、权衡和分析出哪一些变量起了什么作用"只有在实验室中，而不是在战场、会诊室和市场中"。所以检验真理的标准是科学实验而不是生活与行动的实践。在这里，邦格从真理标准的角度探讨了科学与技术、理论（的真假）和实践（的成败）之间的区别。做出了两个具有关键性的结论：①如果科学研究愚蠢地将自己置于解决现时的生产的需要上去，那我们就没有科学。②实践是理论的试金石这个教条错误地理解实践与理论的关系，混淆了实践与实验以及相应地混淆了技术规则与科学理论。它的"是否成功"的问题对于物品与规则来说是贴切的，但对于理论来说则是文不对题。这就是邦格所说的行动无检验真理的效力。

邦格对于技术哲学的另一个贡献是严格区分科学规律与技术规则，将技术规则的研究看作是技术哲学的中心问题。这个区分的要领是：一个规则是规定一个行动的过程，是人类行为的指令序，它用规范的陈述表示，它的场域只属于人类。而规律则是规定一个自然事件的过程，是自然事物状态空间的约束，它用描述的或说明的陈述来表示，它的论域是整个实在世界。二者在许多方面所处的地位正好相反。

使科学规则与技术规则在认识论上分道扬镳的是，二者具有完全不同的真值表。科学规律有真假值，或者是真的，或者是假的。用二值逻辑来处理它们就可以了。而技术规则无真假之分，只有有效用和无效用之别。将规则（它讨论人类技术的手段与目的的关系）的有效无效做成一个有效值表，邦格说："只有当手段已经运用了而目标又达到了的情况下，规则才是有效的。只有当所规定的手段已经实施而所想要的结果并未达到时，那规则才是无效的。而如果我们并不运用手段，则我们对于这个规则，无论其目的是否达到，都无所辩护，无所检验。因此规则的'逻辑'至少是三值的。"有真假值还是无真假值，二值逻辑还是三值逻辑，便造成了科学规律与技术规则的不可通约问题，即从科学规律不能推出技术规则，反之亦然。我们可以称这个问题为技术哲学的"邦格问题"。技术哲学家克罗斯说："1967年邦格的这个发现，一旦讨论到技术与工程的主题时，就始终引起人们的恼怒。"我们在本书第五章中，就试图提出我们解决这个问题的方案。

邦格在技术哲学中提出的第三个问题是科学预言与技术预测的区别。他指出：前者处理的是初始条件与最终条件之间客观上有什么关系，而后者处理的是手段—目的的选择关系，给定目标，预测手段（包括技术家的行动）如何达到目标；前者是客观的无偏好的关系，后者是包含偏好的关系；前者的成功依赖于将自己从对象中分划出来的能力，后者依赖于如何将自己置身于相关系统并影响系统的能力。

邦格之所以能解决技术认识论的三大难题，至少提出了这三大难题，都与他明确将科学与技术进行划界有关。我们的技术哲学从邦格那里汲取了许多东西。

但是，邦格的技术哲学有不少缺点和不足之处，在本书中我们力图加以纠正和改进。首先，它混淆了"应用科学""技术理论"与"技术"这些概念。他在论文《作为应用科学的技术》（1974）中指出："在这里，我将把'技术'和'应用科学'当作同义词来使用。"① 我们在本书中不采用并批评了他的立场（见本书第三章第 1 节），由此我们对于科学与技术的划分及其区别做了比邦格更为准确、细致和严格的论证。其次，邦格关于科学规律的二值逻辑和技术规则的三值逻辑，是分析得不够彻底的。我们在本书第五章第 2 节中指出，不仅作为蕴涵式的技术规则有三值，而且对于技术行为的目标、手段的评价上也有三值。因此，我们作出了一个比邦格更彻底、更加形式化和涵盖更广的技术行为和技术规则三值逻辑的真值表，并运用了胡塞尔的"排四律"和莱辛巴哈的"量子逻辑"作为我们的佐证。最后，更重要的是邦格指出科学规律只能为相应的技术规则"奠基"（fund），但不能推出规则的有效性。但为什么会是这样，他并没有深入地分析和展开，我们则在此基础上前进一步，构造了一整套细致的多层次的解释逻辑来说明这个所谓"奠基"的关系。我们进一步将"邦格问题"看作不过是休谟价值问题在技术哲学和技术逻辑中的表现，用"是"与"应当"解释相关的范畴，来回答休谟价值问题和邦格的科技不可通约问题。

下面我们选译邦格《科学哲学》一书第 11 章，读者可以将我们的观点与邦格的观点进行对照。

（二）选译：《行动》（邦格著）

在科学中，无论纯科学还是应用科学，理论既是研究循环的顶点又是进一步研究的向导。并且还要补充，在技术中，理论还是描述最优实践行动过程的规则系统（system of rule）的基础。另外，在手艺（art）与工匠技巧（craft）中，或者完全缺乏理论，或者它不过只是行动的工具。虽然并不是整个理论，但至少也是它的外围的部分受到实践家们的注意，这是因为理论的低层次结论单独地为行动所把握，这些理论的末端结果集中地吸引了实践家们的注意。在过去的时代，一个人如果事实上很少注意理论或者他只依靠一些

① F. 拉普：《技术科学的思维结构》，吉林人民出版社 1988 年版，第 28 页。

过时的理论和普通常识来进行工作，那他就被认为是实践家。在今天，一个实践家是这样的人物，他的行动服从于这样的决定，这些决定是在很好的技术知识，而不是科学知识的指导下做出的。因为这些科学知识距离实践太远，甚至与实践无关。而这些技术知识，由理论做出，给规则奠定基础。而那些资料，反而是科学方法运用于实践问题的结果。

将理论运用于实践目的，就有一系列明显的并在很大程度上被忽视的哲学问题，有三个这样的问题：行动的效力（validating force）问题；规则与规律（law，又可译为定律）的关系问题；以及技术预测对人类行为的影响问题。这些问题将在本章中进行讨论。它们不过是问题系统中的样本，这些问题终将导致技术哲学的兴起。

1. 真理与行动

一种行动可以被认为是理性的，如果：（i）它最大限度地适应于预定的目标，以及（ii）实现这个行动的目标和手段与深思熟虑地引进的有效的相关知识密切联系或者它本身就是由这些知识作出来的。（这个预设说明，没有什么理性的行动它自身就是目的，它总是一种手段。）给理性行动奠基的知识可以存在于从常识知识到科学知识之间的一个很广泛的域中；在任何场合里，它必须带有知识的性质，而不是习惯或迷信。在这点上，我们对这样一个特殊类型的理性行动特别有兴趣，这样的理性行动是由（或者部分地由）科学与技术知识作指导的，这类行动可以叫作最大理性的行动，因为它依赖于基础的并且经受过检验的假说和合理的准确的资料，而不是依赖于实践知识或无批判的传统。这样的基础并不保证完全成功的行动，不过它提供了一种手段来逐步地改进行动。

一个理论能给行动以支持或者是因为它提供了有关行动客体（如机器）的知识，或者它涉及行动本身，例如，涉及如何制造和使用机器的程序与规定的行动决定，就属于这一类。飞行理论属于前者，有关飞机在领空中的最佳分布的决策则属于后者。二者都属技术理论，但有些第一类的理论是实体性的，而第二类则是操作性的。实体性技术理论，在它接近真实的情况下，本质上是科学理论的应用。如飞行理论本质上是流体动力学的应用。另一方面，操作技术理论，在它接近真实情况的限度里，是从人们的操作以及人机复合体出发的。例如，一种航线的管理理论并不涉及飞机，而是探讨有关人们的特定的操作。实体性技术理论总是以科学理论为先导，而操作理论则起源于应用研究，实体理论对它无所作为，这就是为什么有些数学家在没有经过先行的科学训练的情况下也会对操作性理论做出重要贡献的原因。

有几个案例帮助我们搞清楚实体与操作的区分。引力的相对论理论可以运用于设计反引力场的发动机（即对抗地球引力场的局部场，local fields），它的应用将会使发射太空飞船更加容易。但相对论的确并未特别讨论到场发生器或太空航行学，它只是提供某种知识，这些知识和设计与制造反引力发动机有关。古生物学被应用地质学家用于石油探测，它成为开采石油决定钻井位置的根据，但古生物学与地质学并不特别涉及石油工业，心理学可以被工业心理学家运用于增加生产的利益，但它本身基本上并不讨论这个问题。这三个案例都说明科学理论（或半科学理论）在解决行动中提出来的问题的应用。

另外，价值理论、决策论、博弈论、运筹学都与评价、决策、计划、实施直接相关；它们甚至可以被运用于某种类型的行动，进行科学研究，以优化的希望达到优化的输出（这些理论并不告诉我们怎样更换人员，但它告诉我们，怎样开发人才的潜力）。这些就是操作理论，在这里，运用物理、化学、生物学或社会科学所提供的实体知识，是派不上用场的。原初的知识，特别是那些非科学的知识（为编目实践）以及形式科学在这里得到充分的应用。想想统计信息论或者排队论模型，这些学科并不应用纯科学理论，而是应用自身的理论，这些操作的或非实体的理论引进的不是实体科学知识，而是科学的方法。事实上它可以被认为是行动的科学理论，简言之，叫作行动理论，这些理论，对于它是实践的而不是认知的目的来说是一种技术学。但除了这一点之外，它与科学理论并无明显区别，事实上，所有好的操作理论都至少具有下列的科学理论的特征：①它们都不直接指称粗糙的实在，而只涉或多或少地理想化了的实在模型（如完全理性的与有完全信息的竞争者，或连续的需要与连续的支付等）；②结果，它们都引进理论概念（如"概率"）；③它们能吸收经验信息，并通过提供预测与回溯来丰富经验的知识；④结果，它们是经验的可检验的，虽然这方面它们并不像科学理论那么强。（附图1）

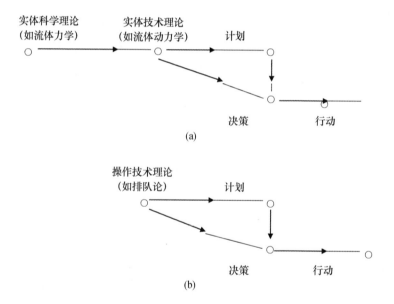

附图1　（a）实体技术理论建立在科学理论基础上并向决策者提供计划与实施的必要的工具；（b）操作理论直接讨论决策者和行动者的行动。

从实践的角度看，技术理论比科学理论更丰富，它不限于说明不管决策者做什么都有什么东西存在、可能存在，或将会发生，而是关系到发现什么东西必须做（what ought to be done），以便带来什么，预防什么，或仅仅是改变事件的位置，或以预定的方式改变它的过程的分布。而在概念的意义上，技术理论比纯科学理论贫乏得多，它们总是缺乏深度，这是由于技术家所献身的事业使他们的主要兴趣在于人的尺度范围里发生的并可控的纯粹效应。他希望知道在他所达到的范围里事物是怎样做出来为他工作，而不是想知道任何类型的事物实际上是怎样的。例如，电子实践家就不必为量子电子理论的困难而烦恼；商场的实践家就不需要探索心理学家需要讨论的各种偏好类型的起源。结果，只要有可能，应用研究者总是企图将他的系统图示化为一个黑箱，他偏爱于处理这个系统的外部变量（输入与输出），而所有其他的东西至多也不过是手边的干扰变量，无本体论的重要性，而将邻近的层次忽略不计，这就是为什么他的过分的简化和错误并不总是有害的理由：因为他的论题本来就是表面性的（只是这种现象主义的和外部主义的态度输出到科学中时才是有害的）。虽然技术学家偶然地也被迫去掌握深入的、表现实质的观点。例如，分子工程师设计新的材料，使其实体带有所规定的宏观性质。这时，他就必须运用某一部分的原子和分子理论。但他将会忽略所有并不表现在宏观层次上的微观性质。总之，他只是将原子分子理论用作工具而已。这种态度，传染到某些哲学家那里，往往容易使他们误入歧途，认为科学理论不过只是工具而已。

当科学理论被当作实践目的的工具时，它所经受的概念贫乏是极为可怕的。例如，应用物理学家参加设计一种光学仪器，他用得上的几乎只是几何射线光学，即 17 世纪中叶人们已经知道的光的知识。当要解释某些效应时，他会将波动光学作大概的理解而不是详细的理解，来解释这些效应，大多数情况是在解释镜像边缘的颜色现象时用得上。但他很少运用各种光的波动理论来计算这些效应，他会在他的事业实践范围里忽视这些理论，这是因为：第一，与大多数光学仪器制造有关的光学事实的主要特征都可用几何光学恰当地加以说明。只有很少数的事实是不能用它来解释，只能用光是由波组成，这些波能叠加的这样的波动光学来解释。第二，对于作为深层理论的波动方程，求解是极端困难的，它只有纯粹学术的兴趣（即它本质上服务于理论说明和理论检验的目的）。考虑解出依赖于时间的边界条件的波动方程，如同在摄影机开关开动的瞬间所表现出来的情况那样，在科学上自然是重要的。波动光学在科学上是重要的，因为它接近真理。但对于今日的大多数技术来说，它比射线几何光学更不重要。要将它详细地运用于光学工业的实践问题就是堂吉诃德式的不切实际了。其他的纯科学与技术的关系问题也大体上如此。我们的教训是：如果科学研究愚蠢地将自身置于解决现时的生产的需要上去，那我们就没有科学。在行动的领域里，深入的和成熟的理论是无效用的，因为它要求太多的劳动来获得一种结果，而用贫乏的手段，即更少真理的但却是比较简单的理论也可以得到同样好的结果。深入而精确的真理，一种纯科学所意欲得到的东西是不经济的。应用科学家建议要掌握的理论是高度有效率的理论。这里所谓有效率（efficiency），就是有高度的输出/输入比率。而纯科学的理论所得到的这种比率是比较小的。低成本的报酬是低质量。由于比较真的和比较复杂的理论所要求的费用大大高于缺少真理成分（而它通常比较简单）的理论，理论的有效率性（简称有效性）便与它的输出和与它的操作简单性成正比（如果我们能够测量的话，或许我们可以建议有下列的方程式：T 的有效性 =T 的输出 × T 的操作简单性）。如果两个竞争着的理论的技术有效用的（utiligable）输出是一样的，则它们的应用上的相对简单性（即它们的实用的简单性）便决定了它们被技术家们所选择。纯科学如果采取这个标准，就会迅速地扼杀基础研究，这就有理由拒斥培根的教条（实用主义的名言）：最有用的就是最真实的。对于实践的成功，我们要保持自己的独立的真理标准。

一个理论，如果它是真的，它可以在应用研究（技术研究）中和在实践中加以应用，取得成功，这是就理论与这二者相关而言的（基础理论并不能这样地可应用，因为它讨论的问题离实践很远，只要想一想如何能利用量子散射理论来解决汽车的防撞问题便会知道了）。但是反过来并不是真的，即科学理论的实践成功或失败并非它的真理价值的客观指标。事实上，一个理论可以既是成功的又是失败的；一个假理论的有效性可能由下列两个理由做成：第一，一个理论可能只包含一小粒真理，而它恰好被引导到理论的应用中。事实上，一个理论是假说的系统，它足够容纳少数论题是真的或接近真的，以便推出适当的结论，而它的错误成分可以不用于这种演绎，或者它根本就是与实践无关的（附图2）。因此，完全可以将神秘的咒语、驱魔的仪式与工匠的操作规程混杂起来，冶炼出一炉很好的钢铁。直到19世纪初，人们都是这样做的，通过巫医术和心理分析以及其他实践手段只要它与诸如暗示、引起条件反射、镇静剂等相联系在一起使用，完全可以改善神经病患者的条件。

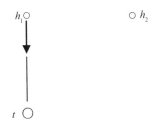

附图2　一个真定理 t，支持着一个有效规则，有时可以从一个似真的假说 h_1 中推出，而不用到出现在同一理论中的错误的（或不可检验的）假说 h_2。

一个假的理论可能获得实践成功的第二个理由可能是：在应用科学和实践中对精确度的要求比纯粹研究所要求的精确度低得多，因而对这种规模的数量级能迅速地做出正确评估的粗糙的、简单的理论对于实践来说已经足够了。无论如何，安全系数掩盖了精确的、深刻的理论所做出的非常详细的预言，这种安全系数是技术理论的特征，因为它必须适应那些在广大范围内发生变化的条件。想一想桥梁可承受的大小不同的负荷，或者消费一种药物的可变的个体消费者们，你便会知道这里无须十分严格的精密度。工程师和内科医生关心安全以及以典型数值为中心的广阔的安全区间，而不是精确值，一个高度的精确值在这里是无的放矢的，因为它不是一个检验的问题。而且，这样一个高精确度会引起混淆，因为它使事情复杂化到一定的程度，以至于行动所趋向的目标在大量的详尽资料中丢失了。精确固然是科学研究的目标，但对于它的最初阶段，过高的精确不仅是无意义的甚至在实践上是累赘的，而且会阻碍研究自身的发展。由于以上的两个理由，只运用部分的前提和低精确的要求，有无限多的可能的相互竞争的理论会产生"实践上相同的后果"。技术学家，特别是技师们，都只偏爱最简单者。他们感兴趣的首先是效率而不是真理，是做成一件事而不是获得对事态的更深入的理解。根据同一理由，深刻而精确的理论可能是非实践性的。用它来解决问题，无异于用原子弹来杀蚂蚁。但在纯科学中提倡简单性和有效率是不合理的，尽管它不一定是危险的。

大多数基础科学理论之所以无实践效用（practical avail）的第三个理由不是关系到它不能满足实践要求的简便性和强劲性上，而是有它深刻的本体论根源的。人类的实践转换，大多数发生于他们自己的层次上；而这些层次，像其他层次一样，根源于低层次活动，但它相对于这些低层次在某些方面有它的自主性，这就是说，并不是所有的低层次变化都会影响高层次，这使我们能够在自己的层次上处理许多事情，至多不过受到最邻近层次的影响。简言之，层次在某种程度上是稳定的，只存在着一定数量的层次之间的相互作用，而这就是机遇（基于独立性的随机运动）与自由（在某些方面的自己运动）的根据。因而单层次理论对于许多实践目的说来是充分的，只有当层次之间相互关系的知识被用来作为"遥控"工具时，多层次理论就必须拿来尝试了，在这方面最令人兴奋的成就是心理化学，其目标是通过运用行为背后的生化层次的变量来控制行为。

实践与理论（包括操作理论）的真理有效性无关的第四个理由是，在实际的情况下，诸多相关的变量很少适当地为人们所认识和准确地为人们所控制。实际的情况过于复杂，而有效的行动又不能太强烈地要求一种详尽的研究，即开始于一个个隔离变量的研究，并将某些变量归入理论模型中。而迫切需要的东西是最大效率而不是完全的真理。于是，在同一时间里，人们企图同时得到实践测量结果：战略家建议同时使用几种不同类型的武器；而医生同时开出好几种不同的药方或处理方法；而政策家则要将承诺与威吓结合起来，软硬兼施，同时使用。如果结果令人满意，实践家们怎样知道那一个规则是有效的呢？从而哪一个基本假说是真的呢？如果结果不能令人满意，他怎样去清除那些无效率的规则及其背后的错误假说呢？当人们屠杀着或治疗着病人或者劝说着人们的时候，甚至当人们制造物品的时候，一种对相关变量的仔细识别和控制以及对有关这些变量之间的关系的假说的批判性的评价还没有进行，它们是在悠然地进行的有计划的批判性的理论思考和实验活动中进行的。只有在理论思考工作和实验的活动中，我们才能区分识别不同的变量，对它们的相对重要性进行权衡，通过巧妙的处置和测量来控制它们以检验我们的假说并进行推理。这就是为什么事实的理论，无论科学的或是技术的，实体的或是操作的，都是在实验室中进行经验的检验，而不是在战场中，不是在咨询办公室中，也不是在商场中进行检验（"实验室"一词在这里是广义的，包括像军事演习那样的允许对相关变量进行理性控制的所有场合）。这也就是为什么在工厂、医院或社会组织中应用的规则的有效性只能由人工地控制的条件来决定。

简言之，实践没有真理的效力，纯粹的与应用的研究能单独地评价理论的真理价值和规则的有效性。相对于科学家来说，技术家和实践家所干的事情不是检验理论，而是运用理论来达到非认知的目的（实践家甚至不检验事物，例如，他不去检验工具或药物，简言之，他只是运用它们，它们的性质与效能必须在实验室中再次由应用科学家来进行鉴定）。实践是理论的试金石这个教条建立在错误地理解实践和理论的基础上，它混淆了实践与实验，以及相应地混淆了规则与理论。"它是否成功"的问题对于事物和规则来说是贴切的，但对于理论来说则是文不对题。

不过可以提出这样的争辩说：一个人知道怎样去做一件事也就说明他知道这件事情，让我们考虑三种可能的看法，第一种看法可能总结为这样的公式"如果 x 知道怎样去做（或制造）y，则 x 知道 y"。要推翻这个论题，只要记起这件事就够了，近百万年以来，人们知道怎样生小孩，但没有任何关于生殖过程的概念。第二种看法是相反的条件语句是成立的，即"如果 x 知道 y，则 x 知道怎样去做（或制造）y"。反例：对于星星，我们知道了一些东西，但我们却不能制造它，我们知道了过去的一些事情，但我们不能改变它。这两个条件语句都是错误的。至于第三种看法，即双条件语句"x 知道 y，当且仅当 x 知道怎样做（或制造）y"也是错的，总之，将知识等同于知道怎样做或"know-how"是错误的。真实的情况毋宁说是这样的，知识明显地增加了正确做事情的机会，而干事情可以导致知道得更多。这不是因为行动就是知识，而是因为在一种开放的好问的心态下，行动可以提出丰富的问题。

只有在区别了科学知识与工具知识或 know-how 的情况下，我们才能有希望说明实践知识与理论上无知的共存，以及理论知识与实践无知的共存，不然的话，下面的结合会很难在历史中出现：① 没有技术与之相对应的科学（如希腊的物理学）；②没有科学作基础的手艺与工匠技巧（如罗马的工程以及现代智力测验）。为了解释科学、技术与手艺和技巧的交叉影响和交叉受益，以及解释认知过程的逐步渐进的特性，我们也要掌握这个区分。如果为了穷尽事物的知识，生产它或再生它就是充分的了，这种解释会导出下列错误结论：一定的技术成就是应用研究的终结；合成橡胶、塑料物质，以及合成纤维的生产会穷尽聚合物化学的研究；而癌症的实验诱发就会结束癌症的研究；神经病与精神病的实验医治会结束精神病理学。事实的情况是这样。我们继续做许多事情而不知道事情是怎样的；我们知道许多过程（如氢熔合为氦），但是我们仍然不能控制这个过程来达到有用的目的（部分是因为我们过分热衷于达到目的，而没有进一步开发手段）。同时，我们也应看到，科学知识与实践知识的屏障，纯粹研究与应用研究的屏障现在逐渐被拆除这也是事实。但这并未消除它们之间的区别，只不过是人们对实践问题增加了科学的态度，即科学方法得到推广与传播。

知识与实践趋同的潮流不来自对它们之间不作分析，而是来自要避免思辨的理论和盲目的实践这两个极端的合理愿望，但理论的可检验性和改进行动理性的可能性并不能通过模糊理论工作与实践工作的区别来达到，也不能通过假定行动就是理论的检验来达到，因为这两个命题都是错误的，建立在这些错误的基础上，也没有什么研究纲领是可以值得提出和捍卫的。理论与实践的相互作用以及手艺、技巧与技术和科学的整合，不是通过宣布它们是统一的便可达到的，而是通过增加它们之间的接触，推动那些为手艺奠定技术基础，并使技术转为科学应用的过程来达到的。这就包括将粗糙的规则，特别是工匠手艺转换成有基础的规则，即建立在科学规律上的规则的过程。我们将在下一节中研究这个问题。

2. 技术规则

如同纯科学集中研究客观的类型和规律一样，行动定向的研究的目的在于建立成功的人类行为的稳定的规范（norm），即规则（rule）。因此，规则的研究（建立在应用科学基础上的规则研究）便是技术哲学的中心。

一个规则规定了一个行动的过程：它指明，为了达到预期的目的，人们需要怎样进行。比较精确地说：一种规则是在给定序列上和给定时间里实现有限数目的行为的指令（instruction），规则的要领可以符号化为一个有序的符号串，例如，$< 1, 2, \cdots, n >$，在这里所有的数目字表示其对应的行动，最后一个行动 n，是唯一的一个将实现所有操作（除 n 以外）的操作者与目标分隔开来的东西。不同于规律式（law formula），规律式说明所有可能事件的形式是什么，而规则则是规范（norm）；规律的场域被假定为整个实在，包括规则的制定者在内，而规则的场域则只包括人类：只有人可以服从规则或违反规则，发明它和实现它；规律陈述是描述的和说明的（descriptive and interpretative），而规则则是规范的（nomative）；其结果，规律的陈述或多或少是真的，而规则或多或少是有效的（effective）。

我们可以区分下列的规则：①行为规则（rule of conduct）（社会的、道德的与法律的规则）；②前科学工作规则（手艺和工匠技巧的规则，生产中的规程）；③符号语言的规则（语法的和语义的规则）；④科学与技术的规则，即研究与行动的基本规则。行为的规则使社会生活成为可能，并使社会生活能够得到巩固。前科学工作规则支配着这样的实践知识领域，它们并没有经受技术学的控制。符号语言规则指示我们如何掌握符号：怎样概括、转换和解释符号。科学与技术的规则是这样的规范，它总结了在纯粹的和应用的科学中的特别研究技术（如随机抽样技术），以及发展现代生产的特别技术（如利用红外线的熔化技术）

许多行为的、工作的以及符号的规则是约定的。而所谓约定即无确定的理由一定要采取它，它对于想要达到的结果并不带来什么变化。但是它并不是任意的，因为它的表述与采用可以借助于心理的和社会的规律来加以解释，不过它并不是必然的。文化愈是不相同，这类规则系统就愈是不同，我们对于这类无根基的或者说约定的规则并不感兴趣，而比较注意那些有根基的规则（founded rule），即能满足下列定义的规范。这个定义是：一种规则是有根基的，并且仅当它建基于一组能够说明它的有效性的规律公式系中。要求在问候一位妇女的时候脱下你的帽子，这种规则在下列的意义上是无根基的：它并不建立在科学规律之上，只不过仅仅是约定俗成地采用它罢了。但要求定期为汽车上润滑油的规则则是建立在减少其表面的摩擦力的规律的基础上的，它既不是约定的规则，也不是如烹调以及政客活动那样的粗规（rule of thumb），它是有很好的根基的规则。稍后我们将说明这种基于规律的规则这个概念。

表明一个规则以高概率地取得成功，这对于决定一个规则的有效性是必要的，虽然它不是充分的。不过这也可能只是巧合而已，原始人在狩猎前举行了一定的宗教仪式，伴随而来的是在狩猎中获得大量猎物，也就是这样的巧合。在我们采取一种经验的有效的规则之前，我们必须知道，为什么这是有效的：我们必须将它剖析开来，并理解它的运作方式（modus operandi）。这就要求在规则的奠基上有一个从前科学的手艺技巧到现代技术的转换。现在，规则的巩固有效基础就是规律陈述系统，因为唯有它可以用来正确地解释事实，例如，给定的规则的运作这样的事实。这并不是说，一个规则的有效性依赖于它是有根基的还是没有根基的，这只是说，为了一个规则有多少成功的机会进行辩护以及为了改进这个规则，甚至代之以更有效的规则，我们必须揭露隐蔽在它们背后的某种规律陈述。我们必须采取步骤说明对于那些粗规的盲目运用是不会走多远的。最好的政策是：第一，将这些规则奠基于科学之上；第二，将某些规律公式转换成有效的技术规则。现代技术的产生和发展，就是这两个运动的结果。

宣扬规则有它的基础，但是它比起精确地说明这些规则的基础由什么组成要容易得多。现在让我们进入这块未被开垦的处女地，它是技术哲学的核心。当我们要研究一个新的主题时，通常从分析一个典型的实例开始是比较方便的。取这样一个规律陈述："一个物体的磁性在它达到居里温度（如铁是 770℃）之上时消失。"为了我们分析的目的，以明确的条件语句的方式来表述这个规律可能更为方便，即"如果磁体的温度超过它的居里温度，则它将会失去磁性"（当然，正如所有借助于日常语言来表现科学规律一样，这里的表达是过分地简单化了，居里温度并非是所有磁性都消失的温度点，而是由磁铁性转变到顺磁性或者相反转换的关节点，不过这对于大多数技术目的来说是不关紧要的）。我们的规律陈述（nomological statement）提供了规律实用陈述（nomopragmatic statement，或者译成实用规律陈述更好）"如果一个磁化物体被加热到居里温度之上，则它的磁性消失了"的基础（这里实用谓词是"被加热"）。这种实用规律陈述，转而为下列两个规则提供基础：R_1："为了将一个物体的磁性去掉，就需将它加热到居里温度点之上"。R_2："为了防止一个物体失去磁性，不要将它加热至居里点"。这两个规则具有相同的基础，即相同的背后的实用规律陈述，后者又得到被假定为表述客观形式的规律陈述支持。而且，这两个规则是等价的，虽然它并不是在同一环境下等价（因为改变了目标，改变了手段）。以上情况，可以用预设关系⊣来描述：

规律陈述⊣ 实用规律陈述⊣ $\{R_1, R_2\}$

在命题层次上，规律陈述与实用规律陈述二者的结构都是"$A \rightarrow B$"。二者之间有一个意义上的不同之处在于，对于规律陈述来说，前件 A 指称的是一个客观的事实，而对于实用规律陈述来说，前件指称的是人们的操作。R_1 可以符号化为"$B\ per\ A$"，读作"通过 A 得到 B"或"为得到 B 去干 A"或"为了达到目的 B，运用手段 A"。另一方面，R_2 的结构是："$\sim B\ Per \sim A$"，读作"为了预防 B 的出现，不要去做 A"。规律表述"$A \rightarrow B$"的后件变成了 R_1 的"前件"，其前件变成了"后件"。或者这样说更好：规律表述的逻辑前件及其非现在变成了手段，而逻辑后件及其非变成了规则的目标。（但是，在规律陈述中，前件对于后件指称的事实的出现来说是充分的，而规则的"后件"对于达到"前件"所表达的目标来说只是必要的。）我们在元语言及其基本规律和规则的有效性（valid，逻辑中有时译成"对当"）中将上述的结果总结为下述公式

$$\text{"}A \rightarrow B\text{"}\ fund\ (\ \text{"}B\ per\ A\text{"}\ vel\ \text{"}\sim B\ per \sim A\text{"})\qquad(1)$$

$$\text{"}B\ per\ A\text{"}\ aeq\ \text{"}\sim B\ per \sim A\text{"}\qquad(2)$$

这里"fund"表示"是其基础"，"vel"表示"或"，而"aeq"表示"等价于"，它们如同"per"一样是规则的联结词。

请注意规律式与规则的深刻的区别：第一，"fund"与"aeq"
无句法上的等价物。第二，"$B \ per \ A$"无真值。但另一方面，规则
有有效值（effectiveness values）。我们可以说，一个形如"$B \ per \ A$"
的规则至少有三个有效值：它可能是有效的（记作"1"），无效的
（记作"0"）或者是不确定的（记作"?"）。这个区别可以通过比
较"$A \to B$"的真值表和与它相联系的规则"$B \ per \ A$"的有效值
表，就会得到很好的理解：

规律 "$A \to B$" 的真值表			规则 "$B \ per \ A$" 的有效表		
A	B	$A \to B$	A	B	$B \ per \ A$
1	1	1	1	1	1
1	0	0	1	0	0
0	1	1	0	1	?
0	0	1	0	0	?

"$A \to B$"真值表中，只有一种情况，即前件为真与后件为假，
这条件语句才是假的；而在"$B \ per \ A$"的有效表中，只有当手段已
经运用了而目标又达到的情况下，规则才是有效的。只有当所规定
的手段已经实施而所想要的结果并未达到时，那规则才是无效的。
而如果我们并不运用手段（表中后面两行的情况），则我们对于这
个规则，无论其目的是否达到，都无所辩护，无所检验：事实上，
不去应用规则所规定的手段，也就是完全没有运用规则。因此规则
的"逻辑"至少是三值的。

我们前面说到"$B \ per \ A$"与"$\sim B \ per \ \sim A$"是等价的，尽管
它们并不处于同一环境之下。这意味着，在这两种情况下，至少有
一种手段与目的的组合使规则能够成立，尽管这两种情况下，这种
组合是不同的。事实上，这两种规则的有效值表是不同的，下表就
是穷尽了四种可能的手段与目的的组合的有效值表：

A	$\sim A$	B	$\sim B$	B per A	$\sim B$ per $\sim A$	$\sim B$ per A	B per $\sim A$
1	0	1	0	1	?	0	?
1	0	0	1	0	?	1	?
0	1	1	0	?	0	?	1
0	1	0	1	?	1	?	0

上述有效值表的一个明显的普遍化，可以通过令 A 与 B 取三值 1、0 与? 而获得。另一种不同方向的普遍化是令相对频率 f 代替 "1"，并以它的补 $1-f$ 置换 "0" 而获得。如 "$A \to B$" 那样的规律表述与像 "B per A" "$\sim B$ per $\sim A$" 那样的规则之间的关系不是逻辑的而是实用的，我们通过表述下面的元规则来规定它们之间的关系：若 "$A \to B$" 是一个规律式，则尝试来用规则 "B per A" 或 "$\sim B$ per $\sim A$"。我们的元规则之所以说及 "尝试"，而不说 "采取"，有两个理由：第一，所有的规律式都是可改正的，因而其对应的规则经历着变化。第二，规律式会涉及具体系统的过于理想化的模型。在这种情况下，对应的规则会是无效的或接近无效的。再以去磁性规则为例。讲到相对应的规律陈述（规律陈述与实用规律陈述），我们假定只与两个变量相关，即磁性与温度。我们假定了其中的压力与其他变量保持不变。进而，我们甚至不为建立炉子的技术问题所困扰，这个炉子能有效率地、快速地和低价地加热物质，并在操作时不会因接触空气而使被加热物体的化学组成发生变化。现在，忽视这些 "详细情况" 会使规则的有效性归于破产。为了说明这个问题，我们需要附加上其他一些规律陈述，甚至要附加各种理论或理论的某些部分，即使这样，为了特定的目的，这里有必要开出一些替代性的程序，它是基于不同的规律而做出的（如用减少交互磁场的作用等办法），这可能比加热更加有效。我们得出结论：规律式的真理不能保证基于它的规则的有效性。这就是为什么我们的元规则只是推荐而不是指令我们：一旦公式 "$A \to B$" 作为规律式得到确立，我们就运用规则 "B per A"。

　　如果我们不能从相应的规律式的真推出规则的有效性，那么相反的推导过程又如何？这是更加没有保证的。事实上，规则"B per A"要有效当且仅当 A 与 B 均有效。我们可以通过替代性地采用无限多的假说，如"$A \& B$"，"$A \vee B$"，"$A \to B$"，"$B \to A$"，"$(A \& B) \& C$"，"$(A \& B) \vee C$"，"$(A \vee B) \& C$"，"$(A \vee B) \vee C$"等来满足这个条件，这里 C 表示任意的公式，在这里无限多的假说中，只有第三项与我们的规律陈述"$A \to B$"协调。简言之，给定一个规律陈述，正如我们的元规则所建议的那样，我们可以尝试采用对应的规则，但给定一个成功的规则不能推出其背后的规律式，所有的成功规则在大多数情况下所能做的就是指出相关的可能变量和发现它们之间的规律关系会存在什么困难。

　　以上所述，对于规则方法论以及纯科学与应用科学之间关系的方法论有重要的意义。我们看到从实践到知识，从成功到真理没有单一的通道。成功并不保证从规则推出规律，相反却面临如何解释规则的明显的有效性的困难问题。换言之，从成功到真理的路有无限条，所以成功对于真理是理论的无用的或几乎无用的。这就是说，并没有一组有效的规则能提示真的理论。另外，从真理到成功之路在数量上是有限的，因而是可行的。这就是为什么实践成功，无论是医疗治理上或政府进步上的成功，都不是其背后假说的真理标准；这就是为什么技术（不同于前科学的工匠技巧与手艺）并不是从规则开始，结束于理论的建立，而是一个其他的过程。简言之，这就是为什么技术是应用的科学而科学不是纯化的技术。

　　科学家和技术学家在从包含规律陈述与辅助假说的理论的基础上做出规则，而技术员又将它与无根基的（前科学）规则结合在一起，运用这些规则。在这两种情况下，规则的应用都离不开特别的假说，即假说对于规则有这样的作用，它指明由于与规则相关的这样那样的变量已经存在，所以在这种情况下，这个规则是成立的。在科学中，无论纯科学或应用科学中，这样的假说可以被检验。但在技术实践中，除非我们将规则与有关的假说集汇合在一起，否则无法检验它们，但这是一种贫乏的检验，因为失败的责任，可以归究到假说本身，或归究到规则，或者归究到不确定的应用条件。

考虑到规律式与规则在深度上的不同，坚持混淆二者，错误地将规律看作是有指导性的，这是很难得到辩护的。虽然，这可以从两个方面来进行解释：第一，所有的规律陈述都可以为一个或多个规则奠定基础。因而给定规律"$L(x, y)$"，它涉及变量 x 与 y，我们可以规定为了用 x 测量与计算 y，需要用到"$L(x, y)$"。第二，许多哲学家，他们没有想到，规律陈述之所以适当，是当他们将它当作规律来处理而不是当作经验概括来处理，并进而用实用词项来表述这些经验概括，使之成为包含实用预言的陈述。总之，他们从属于一阶知识的实用规律陈述出发，用走捷径的方式得到规则。在这里我们可以看到一个悖论，有关知识的实用方面的适当处理，要求有一个非实用的哲学态度。

让我们最后研究一下技术预测的特异性。

3. 技术预测

技术知识主要是被运用于达到一定实践目的的手段。技术的目的是成功的行动而不是纯粹的知识。从技术学家的整个态度来看，他们运用他们的技术知识是积极的，但他们并不是积极地做一个好奇的、好询问的旁观者和勤奋的、孜孜以求的探索者，而是积极地参与到事件之中。行动中的技术学家与研究者（无论是纯科学还是应用科学的研究者）的态度上的不同引起了技术预测与科学预言的区别。

首先，科学预言说，如果获得一定的环境，将会有什么东西或可能有什么东西出现。而技术预测则建议，怎样影响环境，以带来或预防一定事件的出现，而在正常情况下这些事件是不会出现的。预言彗星轨迹是一回事，而计划与预测人造卫星的轨道是另一回事。后者预设了许多可能目标的一个选择，而这种选择则预设了在一组所渴求的东西的指引下对各种可能性作出预测（forecasting）和评价。事实上，技术学家（或他的雇主）估计如果他（或他的雇主）要满足一定的需要，则未来将会出现怎样的情况，就在这个估计的基础上，技术学家做出预测。不同于纯科学家的是，技术学家不会对各种各样的情况的出现感兴趣。对于科学家来说，那些不过是过程的终端状况的东西，对于技术学家来说却变成为他们所要达到的（或加以避免的）有价值的目标（或无价值的目标）。

一个典型的科学预言具有这样的形式："如果 x 在时间 t 出现，则 y 将在时间 t' 以概率 P 出现"。相反，典型的技术预测采取这样的形式："如果 y 在时间 t' 以概率 P 得到实现，则 x 应该在时间 t 里被做完"。给定目标，技术专家指出达到目标的适当手段，并且他的预测陈述了手段—目的关系，而不是初始条件与最后状态的关系。而且，这些手段是由特别行动集来加以实现的，其中包括了技术家自己的行动。这就给我们指明了技术预测的第二个特点：科学家的成功依赖于他将对象从自己中分离开来的能力（特别当他的对象恰好是一个心理课题的时候），这就是他分划的能力（capacity of detachment）。而技术学家的能力就在于将自己置身于相关的系统的能力。在附图3（b）中，这是置身于系统的顶端的能力。这并不包含主观性，因为所有技术学家掌握的是科学所提供的客观知识，不过这些知识并不包含偏好，纯粹研究者们是不知道这个东西的。工程师是人—机复杂系统的一个组成部分，工业心理学家是组织的一部分：二者都是为所需要的东西而设计与实现最佳手段的。这里所需要的东西通常并不由他们选择，他们是决定的制定者而不是政策的制定者。

附图3 （ⅰ）客观性：科学真理的关键
（ⅱ）偏好性：技术控制的关键

　　一个事件或过程的预测超出了我们的控制，我们就不能改变事件或过程自身。例如，一个天文学家预言两星相撞无论多么准确，事件仍然要按其过程发生；但如果一个应用地质学家能够预测山崩，则其某些结果将可预防；如果能设计和监管适当的防御设施工作，则工程师也可预防山崩本身，他可以设计一系列行动来推翻原初的预测结果。类似地，一个工业公司可以预断（prognose）最近将来的产品销路，按照（波动现象的）假定，假定给定经济状况，例如，繁荣时期将继续下去，按照这个情况公司可以做出预断，如要扩大推销之类。如果这个假定被经济不景气所证伪了，而企业积累的大量股票必须马上脱手，因而，代替作出新的销售预测（如同纯科学家通常会这样做的），经理们通常都会通过增加广告，降低销售价格等手段强迫原初的销售预测加以实现。至少在核心的过程中，手段的多样性是为了试着变化地和联合地达到固定的目的。为了达到目的，任何数量的初始假说都可以牺牲。在山崩的案例中，假定无外部力量将干扰这个过程，而在销售的案例中，假定繁荣将会继续，这些假定都必须放弃。结果，无论初始预测被迫放弃（如山崩的情况）还是被迫证实（在销售预言的情况下），这些事实都不能当作对相关假说真理性的检验，而只是对被应用的规则的有效性进行检验。另一方面，在纯科学中，人们无须担心为达到预设的目的的手段的改变，因为纯科学并没有外加的目的。

　　总之，技术预测不能用来检验假说，它并不意味着有这种用途，它的用途是通过改变事件的过程，也许通过完全停止这个过程，或者通过强迫实现已预言的甚至不期而遇的过程来控制事物与人。这就是工程学、医学、经济学、应用社会学、政治科学以及其他技术学所做的预测的真实情况。决策制定者所知道的预测、预言或预断的唯一表达式就是能够控制事件过程，从而带来不同于原初预测的结果的预测。这种预测到的变迁，既不能贡献于后来的论证（自我满足的预测）也不能贡献于它的反驳（自我推翻的预测）。

　　技术预测的这种特征，是由它的非逻辑特征引起的，它是一种包括有预测知识的社会活动形式，这在现代社会中是十分明显的。因此，我们需要的，是区分三种不同层次的技术预测而不是分析它的因果的效应的逻辑。这三个层次是：①预言 P 成立的那个概念层次。②心理层次：知识 P 及其引起心理的反应。③社会层次：在知识 P 基础上采取的为科学以外的目的服务的实际行动。这个第三层次是技术预测的特有特征，见附图4。

技术预测的特征使文明人与所有其他系统分离开来。一个非预言系统，是一个电唱机或一个青蛙，当输入信息时，它被意志过程所消化，在稍后的时间里转换为行动。但这个系统并不是有目的地产生更多的信息，并且不能作出计划来改变他们未来的行为［见附图4（a）］。一个预言者（一个理性人，一个技术专家团，或一个高度发展的机器人）可以以完全不同的方式行动。在时间 t 里，当输入相关信息 I_t 时，他可以在有效的知识（或教导）的帮助下，处理这些信息，在时间 t' 里做出预言 P_t'。这些预言反馈入这个系统并与其事先设定的目的 G 相比较（这个目的控制着整个过程而无须因果地作用于它或给它补充能量），如果这二者理性地相互逼近，系统便作出决定，它最终导致行动，使事件过程朝有利的方面发展。另外，如果预言与目的明显有差距，这差距再次触发理论机制，于是它精心加工了一个新的策略，一个新的预言 P_t'' 在时间 t'' 最后做出，其预见包括与事件有关的系统的参与者，新的预言又反馈入系统，而如果它仍然与目标不一致，一个新的修正的循环再一次被触发，直至目标与预言的差距可以忽略不计。在这种情况下，系统的预言机制停止工作。此后，系统将会收集与现时状态有关的新信息，并如此地行动，不仅要求获得有关外部世界的新信息（包括相关的人们的态度与能力），而且要求获得新的假说或甚至新的理论，这些新的假设与理论在预言者原初接收的指令图中并未出现。如果后者没有实现，那些附加的知识没有被获得和运用，他们的行动就会归于无效，这个自我修正的过程，将预言反馈入预言器中的过程，在概念层次上不会发生。机器人必须制造出来用于模仿（用纯物理过程进行）这些行为的特征，但这些模仿只能是部分的。事实上虽然机器人能储存理论，它也能为运用它而清除其他指令，但它缺乏两种能力：①它没有评判它或很好地运用它的能力，即选择比较出色的理论或附加上简化假定的能力。②它不能发明新理论以适应设计者所未预期的与它所储存的理论无关的新情况。机器人之所以不能发现理论，是因为它们没有在心理和文化真空的情况下从资料中建构理论的能力。如果仅仅是因为缺乏资料，它还能由理论提示解决的问题来拥有这些资料，而如果没有有效的理论建构的技术，就不可能有一组指令输入计算器来获得理论化的东西。

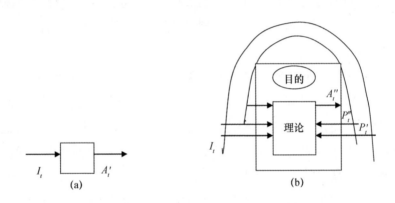

附图4　（a）非预言系统（如青蛙）；（b）预言系统（如工程）。
预言被反馈、受改正，如果 P_t'' 是理性地逼近 G，
则新的行动过程 A_t 就会作出来。

上述关于技术预测的说明，是建立在这样的假定上，即它建立在某些理论，或更准确地说，是建立在许多理论的基础上，不管这些理论是实体性理论还是操作性理论。如果人们注意到医生、金融家和政治家做出的预测很灵验，但没有多少理论根据，就会发现上述假定有问题。当然，在大多数情况下，专家的预测（expert prognosis）建立在归纳（经验的）概括的基础上，这些概括，形如 "A与B以观察频率f共同出现"，甚至 "A与B在大多数场合下共同

出现"，或"通常地 A 出现则 B 出现"。对于某给定个体，例如，人的主体或一种经济事态的观察，若它们具有性质 A，则运用它来预测它也有，或将获得性质 B。在日常生活中，这样的预测完全是我们所做的，它同样运用于许多所谓的专家预测中。偶尔，这些预测是运用日常知识，或者运用特别的，不过是非科学的知识做出来，它们的成功大于根据不成熟的但却是错误的知识作出来的预测。而在许多情况下，他们说中了的频率并不比掷钱币命中的频率大多少。要指出的是：不用科学理论的行家预测并不是科学活动。

当然，内行的人没有运用科学理论并不等于他们没有运用专门的知识，他们通常都是在这种知识基础上作出判断的，不过这些行家的知识并非总是明确和清晰的，因而它们并不是那么容易控制的：它并不准备从失败中学习，它很难付诸检验。对于科学的进步，科学预言的失败比行家预断的成功更有好处，因为科学的失败可以反馈到为此负责的这个理论中，因而给我们以改进它的机会。而在行家知识的情况下，没有理论可以反馈到那里去，只是为了直接的实践目的。行家的预断虽是浅薄的，但却是很好地被确证所概括的，因而比有风险的科学预言更可取。

行家的预断是技术预测的另一个不同的地方：前者比之科学预言更严重地依赖于直觉。不过这是程度上的不同而不是种类上的不同。诊断与预见，无论在纯科学中还是在应用科学中，或者在技巧与手艺中，都包含某种直觉。这些直觉包括：事物、事件或信号迅速地被识别；意义与信号等（教材、表格、图形等）的相互关系被厘清（当然并不是必然地被深入理解）；解释符号和能力；建立空间模型的能力；实现类比的技巧；创造性想象的能力；直觉推理即越过中间步骤，迅速地从某些前提到达结论的推理的能力；综合概括的理解力；常识意义和健全判断的把握等。这些能力与特殊的知识（无论是科学知识与否）缠绕在一起并大大加强实践的能力，缺少了这些，理论不能被发明，也不能被运用，但它并不是超理性的能力。直觉就它被理性和实验所控制的意义上是很好的东西，但当理论工作和实验工作为直觉所代替时，事情就是很令人担心的了。

一件相当危险的事情是流行于应用心理学和社会学中的伪科学工具。有许多预测和人的甚至心理学家本人的行为的技术被设计出来，很少加以客观的检验，只是某种主观的信赖，这对于智力和技巧的检验，他们也是如此做。大多数这样的实验，特别是主观的测验（如通过交谈、主题知觉试验等手段来"总体评价"人性等），在最好的情况下是无效的，而在最坏的情况下，它是一种误导。当他们的这种预言被检验时，即用被测试者的实际表现来检验他们的结论时，他们都失败了。大多数这种个人心理试验的失败，并不是一般的心理试验的失败。对这种失败负责的，或者是完全缺乏心理学理论，或者是错误地理解某些心理学理论。不首先建立与人们的能力或个性的客观指标有关的规律，就去做人的能力的测试，就如同去叫一个原始部落的人去检验飞机一样。不为心理试验奠定理论基础，就去做试验，把它当作预测工具，就如同掷钱币一样，它在实践上是无效的，即使成功了也不能对心理学理论有所贡献。心理试验的有限的成功曾经导致许多人对找到研究人类行为的科学态度的可能性表示失望，但正确的结论应该是：在大量的所谓心理学试验闯入市场之后，我们对人类行为的科学试验仍处于试验阶段，大多数"应用"（教育的、工业的等）心理学的错误在于，它们完全不是科学心理学的应用。其教训是：对于满足像个人训练和个人选择的那样的实践需要，是不允许在没有科学作背景的情况下强行构造"技术"的。

技术预测必须是最大的可信赖的。这个条件要求把那些不充分地被检验的理论从技术实践（不论来自怎样的技术研究）中排除掉。换句话说，技术会最终地喜欢那些古老的理论，这些古老的理论区分了在有限范围中的服务与对知识的精确了解。对于勇敢的新理论来说，它承诺了闻所未闻的预言，但却比较复杂并且因而部分地很少被检验，专家们如果运用这些新观念于实践中，而没有在可控的条件下进行试验，那将是不负责任的（请记住 20 世纪 60 年代初期的突变药物事件)。实践，甚至技术，必须是比科学更保守的。结果，密切联系纯科学的应用研究，以及密切联系这种研究的生产，其效果完全不是带来利益。技术向科学提出新问题，技术为科学提供资料收集和资料处理的新设备，这是完全正确的；但强调可靠性、标准化（一律化）、快速化，而牺牲深度、广度、精度以及意外发现的可能性的技术会减缓科学发展和科学进步的速度，这也是真实的。

可靠性是技术预测最需要的东西，它并非总是可以达到的。这些经常出现的不确定的因素是：①缺乏适应的理论与/或精确的信息。②大量"噪声"或随机变量的因素不能加以控制。在技术中，这些缺点是经常被感觉到的。这是由于系统的复杂性，它持有并不完全能控制的各种变量。这个控制只能在实验室以及少数高精尖工业所提供的人工条件下才能进行。③第三个技术预测的不确定因素是：这种预测是由从模型中得到的方案组成，而真实系统与模型之间有一段很长的距离，这可以称之为质的插补法（qualitative extrapolation）以区别于一个同一系统的量的插补法。例如，工程师在他建立大型系统之前，他可以建立一个小尺度的水坝模型，以研究它的行为；航空工程师可以制造小型飞行器并在风洞中对它进行试验；药物学家以及生理学家可以选择老鼠或猴子作为人体的物质模型。

在纯科学中，这样的物质模型以及相应的插补法也在进行：生物学家在实际移植之前，先在培养基中对组织进行培养，而心理学家研究社会剥夺（即脱离社会）在猴子行为中的效应以指导人类行为的研究。但运用这些物质模型的目的是完全不同的：科学家旨在发现和检验他最感兴趣的系统中的普遍原理。而技术学家运用物质模型旨在给他的规则与计划的有效性以迅速的而又不昂贵的初步检验。如果这物质模型的行为如所预期，他们便企图跃迁到他们所有兴趣的系统（如水坝、飞行器、病人等）。在这个跃迁中，未预见到的事件将会发生。不仅因为有大量的新变量（其中大多数是未知的）在实际系统中展示出来，而且因为控制所有这些变量是不可能的。实际的和所预测的行为之间的区别的确会导致原初计划的改变，并最终也会导致技术规则的改变。于是更少错误的新的预测将会作出。这个自我修正的过程并非蠢人能处理的。因此，技术哲学家，如同纯科学哲学家一样，必须相信科学进步的可能性，正如他们应该相信错误的不可避免性一样。

（张华夏译自邦格著《科学哲学》第二卷第 11 章。1998 年英文版。副标题是译者根据他所述说的内容而加上的。）

二　文森蒂的《工程师知道一些什么，以及他们是怎样知道的——航空历史的分析研究》

(一) 综述和评论

如果说，邦格过分强调技术是科学的应用，相对地忽视不依赖于科学知识的内容、意义和重要性的分析，文森蒂的《工程师知道一些什么，以及他们是怎样知道的——航空历史的分析研究》一书弥补了这个缺点。该书于 1990 年出版，1997 年荣获 ASME 国际历史与传统中心的工程师历史学家奖。本书是近年来讨论技术哲学时反复被引用的著作。文森蒂本人是一名职业工程师。20 世纪 40 年代和 50 年代曾任美国航空顾问委员会航空研究工程师和科学家，掌管过国家的超音速风洞实验，在航空与航天飞机的设计上取得过重大成就。60 年代以后，在美国斯坦福大学任教，著有《物理空气动力学引论》，编有《应用力学》《流体力学年度评论》，并对航空技术史有专门的研究。作为一个资深工程师和工程理论的研究者，他特别注重研究工程师在日常的技术活动中和日常的经验中，需要引进一些什么样的知识，由于他们的目标不同，这些知识的内容、组织与运用不同于一般的科学知识。要明白这种知识的性质和重要性，就要着重分析常规的技术而不是根本的技术或技术革命。因为分析技术革命时，"创新性的认知内容很难详细地加以说明，而过程的本质方面很容易被忽视了"。他着重分析了五个航空历史案例。

（1）戴维斯机翼以及 1908—1945 年的机翼设计问题：1930 年远程飞行的飞机机翼的形状是什么？它们一般地是怎样进行设计的？

（2）1918—1943 年美国飞行器的飞行质量说明问题：为了获得使飞行员满意的飞行质量，对设计有哪些工程要求？

（3）1912—1953 年对控制体积的分析：在一般机械设计中怎样考虑和分析流体的情况。

（4）1916—1926 年杜兰德（W. F. Durand）与莱斯利（E. P. Leslie）对空气—推进器的试验：在飞行器设计中怎样选择推进器？

（5）1930—1950 年美国飞机中铆接法的革新：怎样为美国飞机设计和制造铆接钉牢的组合。

他认为经过这些长期研究和知识积累，形成了一个技术常规设计的传统。它由两个部分组成：①运行原理。一切人工制品都有它的运行原理，说明"这个装置是怎样工作的"，例如，有翼飞机的运行原理就是"必须平衡运输工具的重力的那个上升力是由推动一个刚性表面对抗空气阻力而向前运动产生出来"。②常规型构。它是最好的实现运行原理的装置的一般形状与布局。如飞机中的机翼、机身、引擎、尾部方向盘的合理布局等。①与②构成区别于科学知识的技术知识的实体。它可以由科学发现来触发，当它并不包含于科学知识之中，因为它所处理的问题是为了达到某种实践目的，即我们应该怎样做的问题。

我们完全赞同文森蒂关于技术知识的核心内容的论证，并将人工客体运行原理与具体型构看作是技术客体的结构规律和功能规律，在技术解释的体系和语境中对它进行扩展的研究。M. Bunge 将技术看作是科学应用。在科学与技术行为和技术行为规则之间漏掉了一个中间环节——技术原理。而我们则认为，技术行为规则并不是，至少并不都是直接由科学原理奠基，由科学原理控制的。技术行为和技术行为规则直接地或主要地是由这些技术行为所制造的人工客体的结构、功能规律、运行原理及其型构布局所决定、影响和调控。这就是 W. G. Vincenti 在技术哲学上解决的主要问题以及我们对它的发挥。

皮特在《工程师知道什么》一书中，进一步发挥文森蒂的观点，并特别从实用主义观点出发，分析了技术知识比科学知识更加可靠的观点。作者提出了实用主义知识论，认为知识不是个人的心理状态的东西，而是科学共同体按其标准共同承认的思想与命题，这个标准是因共同体的变化而变化着的。但这变化中有一个底线不变，即视它是否导致行动的成功。对于科学知识，按传统的观点应有"普遍的""真实的"和"确定的"这些标准，但由于科学领域的延伸（特别是延伸到社会科学）以及由于科学受制于理论的性质以及它本身的探索性质，科学本身的真实、确定、可靠的性质变得不可靠了。科学不过是一种成功的解释世界的方式而已。由于工程知识是讲究实用的知识，是设计、建造、运转人工客体的知识，具有解决实际问题的特征，所以"工程师用来解决他们的问题的方法是独特的方法，其解答结果以参考手册（所谓"食谱工程"）的形式被编入目录和记载下来，并能跨越各个工程使用"，所以比起受制于理论范式的科学知识来说"更接近于普遍的、确定的以及真实的知识"。在这里"一本好的食谱可以为任何一个人准备一顿美餐"。这种观点是很有启发性的：①由前文所知，邦格认为科学知识比技术知识更加真实可靠，而皮特与他相反，认为技术知识比科学知识更真实可靠。②技术知识可以跨领域使用，不具有在不同领域中不可通约的特点。这里道出了技术知识不同于科学知识的一个重大差别。因此，我们将文森蒂分析他自己的那本《工程师知道一些什么，以及他们是怎样知道的》一书的论文"工程知识、设计类型与等级层次：进一步思考工程师知道什么……"与皮特这篇论文一道选译出来以供参考。

（二）选译之一："工程知识、设计类型与等级层次：进一步思考工程师知道什么……"（美国斯坦福大学，文森蒂著）

这篇论文来自我的一本著作的观点，它既有一些优点又有一些缺点。这些缺点，来自这样的事实，即我最近出版了一本专著：《工程师知道一些什么，以及他们是怎样知道的》，[①] 这篇论文又不明言地提及了这本书。在这本书中，我所考虑的大多数问题就是工程师知道一些什么，因此本论文本质上所提供的并不是什么新的东西。但是它也有一些优点，像大多数的作者一样，就是关于我的著作，我已经有了一种叫作二阶的思维，对于我自己的思想，我现在更加清楚了。我将力图在本文中以这种方式重新包装和总结我的思想，使得这些思想背后的历史图景和认识论结构更加清楚明确。当我写这本书时，我同时占有筛子和要筛出来的果核，因而这个结构还没有明显地呈现出来。我现在的计划是要使这些关键的思想以更容易记忆和想象的方式呈现出来。我要概括和讨论的是这些材料的结论部分。

1. 初步的论述

在某种程度上，关心技术知识的学者们，他们通常比较关注新的设计和非常的事件。我认为大多数的历史的研究都集中于发明、创新和创造性的研究活动。这种情况是可理解的，新颖性是戏剧性的，相对明显的和容易进入研究的，它集中了各种技术的、经济的和社会变迁的重要问题。在历史上如同在日常生活中一样，新的东西和变化性总是比日常的常规更加令人兴奋。但是对于技术知识来说，对这种研究的关注会产生极大的困难，就是对于创新性的认知内容很难详细地加以说明，而过程的本质方面很容易被忽视。在最近几十年，通史学发现从研究个别性的非常规事件转向对日常生活

[①] W. G. Vincenti, *What Engineers Know and How They Know It: Analytical Studies from Aeronautical History*, Baltimore: Johns Hopkins University Press, 1990.

的检查与研究是很有用的。对于技术知识的历史研究来说，类似的情况和转向也是很有用处的。

技术知识的哲学分析也存在着相对应的偏向。大多数哲学家考察技术认识论都来自已经建立的科学认识论的研究。尽管他们的意愿是好的，他们是这样的人，将已经想象好的概念运用于技术认识论。这样运用已有的概念，是不适当的，或者至多也不过是全部故事的一个部分。近来，有一本很好的论文集《技术知识的性质——科学模型相关地进行变化吗?》①。由于我已经采用了这本论文集的优点，我可以毫不客气地认为，这个论文集的题目中所问的问题，已预设了这样的模型是与技术"不相关的"，论文集的叙述反映了这种不自觉的态度或假定。假如与事实相反，如果这些学者在研究科学之前就研究了技术，他就不会去论证技术是否就是应用科学而是要去争论科学是或至少部分是理论的技术。② 说明科学与技术的关系，不是比分别说明它们是什么更有智慧吗? 当然这只是一种猜测，但危险是存在的。如果一方面预设了一种新颖性，而另一方面又过分强调科学研究对它的影响会导致技术认识论的片面性和有过失的。

我自己的工作是要去检查和研究在日常的惯用的技术活动中引进的知识，我将它称之为常规技术（normal technology），它或多或少地属于自己的词汇。我所要做的事是询问是什么东西来自工程师的日常经验生活之中。这是事后认识的智慧。在讨论这个问题时，科学哲学的影响是不可能走进来的。因为在这个过程之外我不知道任何其他东西。这种强调常规的陈述是本能的。因为我作为研究工程师和教师的生涯使我尽力去创立和组织这类技术要求的知识，虽然这类知识的某些部分自身是新的，它最终也必须为日常值班的工程师们所运用，这些工程师组成专家们的主要部分，我也知道，我

① R. Laudan, *The Nature of Technological Knowledge. Are Models of Scientific Change Relevant?* Dordrecht: D. Reidel. 1984.

② 这个思想来自 Robert MeGinn。

所教的大部分学生也参加了他们的行列。我所处理的这类知识相应地是他们工作的条件。事实上，一个有经验的工程师首先是无意识地、自动地集中注意于这些常规技术。研究这些工程知识本身就会说出这些知识的性质及其重要性。

前面的这些语句意味着，我现在所讨论的只是工程知识（engineering knowledge），不是一般的技术知识（technologieal knowledge）。为了现时的目的，我将工程（engineering）定义为组织设计、生产和操作一种人工事物或人工过程的实践，它将物理世界转变为某种能达到人们预定的目的的东西。这里的关键问题是"组织"（organizing）。它将工程师与其他技术人员如制图员、销售员、领航员或驾驶员等区别开来，后者实现工程师所组织的任务。工程师是技术人员的一个子类。按照同样的道理，工程知识，即工程师所运用的知识，并不包括所有技术上所要求的知识，我在这里必须说的东西是贡献于工程的认识论，同时也是贡献于技术认识论的；但我并不是说我安顿了技术知识的整个范围。

在这个范围里执行任务，我将我的工作主要限于设计。事实上，设计提供了工程的主要的和特殊的方面（虽然严格地说，它很少涉及《技术与文化》季刊及其年刊出版物目录的主题）。我的书指出，我认为认识论的思想能够扩展到生产与操作，尽管这个扩展的工作还需要进一步去做。

正如这本书所提出的，它的思想来自我的航空专业领域的五个历史案例的研究。其中有四个案例，与《技术与文化》杂志中发表的略有不同，另一个案例则是全新的。这里我只是说明我的观点本身，而不谈导出这些观点的历史的叙述和讨论。但我相信，它是建立在历史事实的基础上的。

2. 常规的与根本的设计

当我们审查在我们日常设计语境中的知识，对我来说，思想的突现（ideas emerge）对于认识论和历史图景的关注来说是最基本的。其中之一是常规的，日常的技术的概念，这我们已经提到了。

当我研究由于其他理由而选择的案例时，以及我把这个常规技术的概念作为"正确"的东西来看待时，我便形成了这个概念。后来，我发现在康斯坦特（E. W. Constant）的《涡轮喷气机革命的起因》一书中就已经用了"常规技术"一词，它指的是"技术共同体通常进行的"活动，康斯坦特将它定义为由"已被接受的传统的改进或这个传统在新的或比较严格的条件下的运用"所组成①。设计者（他们的需要，我已进行了研究）因而可以描述为进行常规设计的人（这是我的扩展而不是康斯坦特说的），这些设计组成为工程师"通常所做的工作"。在着手做这个工作的时候，工程师将它了解为这些所要做的设计是怎样工作的，它一般说来像什么东西；进而，适当地沿着这个路线，他们会很好地完成这个设计任务。在设计的共同体所适应的社会的文化类型中，工程师学到这些东西，他们似乎完全不自觉地开始他们的设计工作，虽然这些知识是在过去的时间里产生出来的，而现在它们被看作是理所当然的东西。

按定义，常规设计构成工程师事业的主要组成部分。正如在我的书上所说的，"对于所有的［约翰逊（K. Johnson）一个著名的创新飞行器的设计者］，有成千上万的应用的和生产的工程师从组合这些复活了的技术中进行设计，并进行试验、调整并加以精确化，直到他们对自己的工作感到满意为止。"这些活动构成一些大公司（如通用汽车公司、波音公司、贝克特公司）的巨大的设计办公室的主要工作。虽然很少有学者仔细地检查这件事，不过如果说，这样巨大的和广泛的活动会没有认识论的重要性，那是很令人惊讶的。

在常规的设计中，按照这个名词所说的那样，有两件事被工程师们认为是理所当然的。第一个概念是关于"这个装置是怎样工作的……"，我用了波罗尼的一个词来表示，这就是运行原理（opera-

① E. W. Constant, *The Origins of the Turbojet Revolution* (Baltimore: Johns Hopkins University Press. 1980), p. 10. 康斯坦特的常规技术的概念是类比于并从库恩的著名的常规科学的概念中导出的，见 T. S. 库恩《科学革命的结构》，（芝加哥大学出版社，1962）。

tional principle）。在波罗尼的词汇中，一个装置的运行原理定义了它的"特征的部分是怎样按照它们的特定工能组合起来进行全面的运行来达到这些装置的目的"。[①] 所有的装置（我所指的装置包括过程、静态的结构和机器）都具有这样的原理。例如，对于有翼的装置，我们称为"飞机"的东西，它的运行原理规定：必须平衡运输工具的重力的那种上升力是由推动一个刚性的表面对抗空气阻力而向前运动产生出来的。这个原理于 1809 年由凯利（George G. Cayley）爵士提出来，在这个时候，这个原理是新的，它区别于通过旋转翼引擎而获得升高与推进的直升机，也区别于企图通过鼓翼飞行的扑翼飞机。所有的飞机设计现在都将凯利原理看作是理所当然的。它是从一个世纪的工作经验中获得的，类似地，关于运行原理的知识是所有常规设计的基础。

在常规设计中，第二个概念就是，这个装置"看上去像什么"，我们称这为常规型构（normal configuration）。用常规型构这个词来表示大家共同承认的能最好地实现运行原理的一般形状与布置。这是要到装置完成的岁月里才能达到并取得一致的赞同（也许是默认的赞同）。虽然常规型构与运行原理相比，并非太严格地具有确定性，但它也是特定的常规设计的组成部分。大多数飞机的常规型构包括推动引擎，尾部方向盘，直至 1930 年还存在的双翼，以及后来的单翼等。这个布局在第一次世界大战前主要在法国完成。自此以后，直至今天，设计者们都很少对飞机作出不同的布局与安排。

运行原理与常规型构二者合起来定义了一个装置的常规设计。它们形成了"被接受的传统"的基础。这就是康斯坦特所说的常规技术的特征，不过他并没有详细地论述到它们。因此，我们可以称之为根本的技术的东西就包括我们已接受的装置型构的变迁或者它的运作原理的改变。如果发生在后一场合，其型构也必须发生改变：当新的运行原理已经建立起来的时候，就必须有新的以及适当

---

① M. Polanyi, *Personal Knowledge*, Chicago：University of Chicago Press，1962，p. 328.

的常规型构相应地形成起来。考虑到我们的观念的发明与创新这样基础的东西，我们称组成根本技术的设计为根本设计（radical design）。

根本的和常规的设计组成为连续谱的两极而不是设计的二分法分类。运行原理的改变比起只有常规型构来，其根本性的程度显然要大得多。而原理或型构可以修改而不一定要发生根本地被置换。当出现这种情况时，要进行"常规"还是"根本"的严格的区分有时是很困难的。但这种区分会提供有用的分析工具。

运行原理与常规型构提供了工程与科学知识相区别的清楚的实例。它们可以用科学发现来加以分析，有时它们甚至由科学发现的触发而产生。但它们不能以任何方式包含于科学发现之中，或由科学发现指示出来。波罗尼说："作为客体的机械的完整的科学知识，并不告诉我们机器的知识是什么。"运行原理和常规型构通常要求发明家和工程师的附加的洞察行为与试验行动才能做出来。西蒙在《人工事物》① 一书中对这种鲜明的区别做出了进一步的陈述。西蒙说，自然科学处理的问题是事物是怎样的（how things are），而工程设计，如同所有的设计一样，所处理的问题是事物应该是怎样的（how things ought to be）。例如，一种飞机的运行原理和常规型构并不意味着有一种有关这个飞行器先天地是怎样的知识；它们是这样的知识，一种特别种类的飞行器应该怎样服务于一定的目的。它提供了（不同于科学知识的）工程知识的好的标准。在我的那本书中指出，所有的工程设计知识，包括必要的相随之而来的关于事物是怎样的知识，都是一种手段，它最终服务于事物应当是怎样的。事实上，这就是它的有用性（usefulness）和有效性（validity）的标准（西蒙的论述，可以应用于有关生产和操作的工程知识）。

3. 知识的运用和知识的产生

从日常的设计中，有另一种观念明显地支配着工程认识论，在

---

① Simon H. A. , *The Sciences of the Artificial*, 2nd. ed. , Cambridge, Mass: MIT Press, 1981, pp. 132 – 133.

设计活动中（以及在生产和运行的过程中），知识付诸实践是至高无上的。知识被运用的必要性是知识的动机并且决定知识的性质。当知识运用的需要消失了。例如，当往复式蒸汽机为蒸汽涡轮所取代时，这种知识被忽视了，为了实践的缘故，它被人遗忘。在工程知识中，实践的应用是本质的。这个要求是明显的。但它所用的科学知识有时亦倾向于被人遗忘。

但这不是说，在科学中，应用就不重要；它是重要的，但却以不同的方式显示它的重要性。我们研究科学，是为了理解可观察的现象。这理解的本身就组成一种知识的形式。这种为了理解的研究或知识是开放的。在科学中，理解因此便找到一种运用，即运用于产生更多的理解。或者，等价地说，知识找到了一个产生更多知识的应用。历史学家休·艾特肯（Hugh Aitken）采取不同的说法，他说"大多数科学信息的输出，即新知识的产生，被引导回科学本身"。①

在另一方面，工程活动的知识形态被作为实用目的的手段，而在科学中，知识是取得更多知识的手段，因而看来它自身就是目的。这符合西蒙的区分，即科学处理事物是怎样的而工程设计处理的是事物应该是怎样的。当然，工程师也应用知识来产生更多的知识，但这种用法远少于将它用于设计人工事物。对于现时的目的来说，最根本之点在于：引进知识于设计中和引进知识以产生更多的知识，这是知识的两种用途而不是知识的一种用途。不过在这里工程的活动与科学的活动是明显不对称的。

这个不对称在认识论上有其重要的结果。在科学中，知识是用以产生更多的知识。在这里，知识产生和运用的建制上的所在地势不可当地出现在某个或同一个科学研究实验室中，在工程中，知识的产生与运用，共同出现在工程研究与开发实验室中。但是，正如大多数研究者所指明的那样，如果人们在那些类似的而且是交叉的

---

① H. G. J. Aitken, *Syntony and Spark-The Origins of Radio*. New York：Wiley Interscience，1976，P. 314.

研究所中去考察它们，则区分科学知识与工程知识就会是很困难的，但在工程中，实践运用是至高无上的，所以事实上这两种知识是不同的。工程的知识在分离的制度中，即在工业设计办公室中，它找到了主要的和确定的应用。这两类知识的区分因而在操作上成为可能。借助于它们的应用，即考察那些知识引进设计办公室，我们就可以看出工程知识的性质。按照定义，应用就是任何工程认识论的出发点。对于科学知识，我们在科学实验室中同样可以找到它的应用，不过这个应用和工程知识的应用是不同的。如果不去注意这种区分的可能性，就会在工程史与工程认识论的研究中偏向于科学史与科学认识论。有一个著名的技术史学家，他的著作我经常赞同和引用，他对于区分工程师与科学家表示失望，这可能是因为他掉入了这个陷阱，看到这两群人都"在外观相同的实验室"[①] 中工作。如果我们集中注意常规技术而不是根本技术，就会帮助我们避开这个陷阱。

为了进一步弄清这个观点，我发现附图5是有帮助的。这里主要的概念是区分科学家所运用的知识和工程师所运用的知识（实线的方框图）以及由这些共同体产生的知识（实线细带）。在应用的层面上，科学知识与技术知识的区分已由上面的论述做了解释，它们由分离的方框表示，因而是实际的。而在产生的层面上，正如我们所观察到的，这个区分是成问题的；我们用一个连续的谱带来表示则是比较可靠的，在这个谱带中，科学家产生的知识写向左边，而工程师产生的知识写向右边，产生这些知识的活动因而呈现在相应的谱带中（相应的虚线带），纯粹的科学活动写向左边，而纯粹的工程活动相应地写向右边，而在实验室中，工程与科学交叉的个人或团体的不同工作写在虚带领域的中间，正是这个活动的谱带直接产生和决定了下面的知识谱带（附图5）：科学家与工程师分别

---

① O. Mayr, "The Science-Technology Relationship as a Historiographic Problem," *Technology and Culture* 17 (October), 1976, pp. 663 – 673, quotation from p. 677.

地运用这些所产生的知识，只要他们需要，便可在任何一段谱带中
获得这些知识，同样的知识因而可以分别进入两个实践方框图中，
如果按需要的话，某段知识可以在某一个方框图中出现而不在另一
个方框图中出现，正如（附图5）指出的，工程师所用的知识主要
用于设计（虚线方框图）次要的才是产生知识的活动，这种工程与
科学的本质上的不对称因而就清楚地呈现于附图5中，在我的那本
书中，我力图打开右边实线方框图来看它的内容。

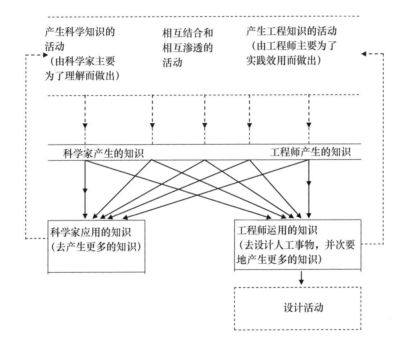

附图5　知识及其产生的活动

的确，对这个图案不必过分咬文嚼字，它对于一个明显是十分
复杂的和有问题的情况来说是理想化的和过分简单化的。但我发现
它对于思考工程知识来说，作为一个简记图案和思考框架是有用
的。虽然这里是从常规设计的考虑中导出的，但由于它的出现是很
明白的，我看没有理由认为它不能也应用于（虽然会是比较灵活地

应用于）根本的设计中。

4. 设计的等级

对于设计来说，还有另一个基本的概念没有反映在附图5中，这就是设计的等级（design hierarchy）。大多数复杂的现代"装置"，都事实上作为组成部分或亚组成部分相互联系和相互依赖的等级组织起来的系统而存在的。这些等级的要素的设计或多或少地由相互依赖的分离的工程师集团和小组分别地进行。例如，通用的飞机，一旦操作的要求转变为设计者的具体的、量化的详细描述（其中主要的层次叫作方案的确定），设计的层次便可安排如下，不过这里的例子也是经过精心地简化了的。

（1）概念设计：罗列飞机的一般布局与比例以满足总体方案的要求。

（2）主机部分设计：总体方案划分为机身架构设计，机翼设计，电子系统设计，着陆传动装置设计等。

（3）按照工程学科，对第二层次的组成部分进一步划分，如总体着陆装置设计划分为机械的、结构的以及空气动力学的着陆装置设计，这些学科的领域典型地包括附属子单元设计（或尽可能选用标准件）。如缩回装置、震动吸收器、轮胎、轮刹装置等都属于机械着陆装置的设计范围。

这样成功的划分，将解决飞机的问题转变为一系列较小的子问题，可进行接近于半隔离状态的解决。于是，总体设计过程就反复地、垂直地或水平地，变成了遍及于各个层次的设计。

另一个观点也是本质的：无论设计是根本的还是常规的，都是独立于等级的定位的。常规设计能够（并且通常总是）展示为全面的设计，而根本的设计可以发生于任何一个层次。例如，一种构想的飞机型构，可以与或多或少地规范了的着陆装置相结合，这些着陆装置由高度标准化的（甚至是编了目的）子单元所组成。而另外的通用飞机可以运用一种由发明子单元的工程师设计出一种新的原则而制造出来的震动吸收器。虽然根本的设计很少同时发生于所有的层次，而如果在某一层次上的确发生了，也不会有很大的发明与创新出现。有许多设计，也许是大多数的设计，都是在已存的、复活了的知识的基础上，努力于"更新"层次组织的装置。工程认识论中必须承认这个事实。

正如我们已经指出的，技术的历史图景曾经比较关心过去的根本的技术。这种关注，主要集中于设计等级中的上层层次，在这些层次上的活动是明显可见的，并且多多少少的是结构性的，并从而是刺激性的和戏剧性的。科学历史也是这样，它典型地研究那些突破性的事件。而我的研究，则着重于常规设计，它发生于低等级层次。这些，就如我集中注意的常规技术一样，首先是直觉的和无意识的。

5. 认识论的结果

我发现，研究常规的低层次活动，有许多益处。如果不研究常规活动，工程知识这个知识的种类本身会被忽视。我在这里的意图是要弄清楚我的著作的历史学的和认识论的定向。我在这里只能提及它的几点结果，而不是详述这个发现的性质并进而提供充分完备的解说。要了解后者，读者可以查阅我的论文，它在我出版的那本著作中已有详述。

（1）我已指出，运行原理与常规型构是常规设计的基本概念（basic concept）。

（2）为了帮助将这些概念翻译成具体装置，工程师设计了标准与说明书（criteria and specifications），一个比较成熟的实例是提供商务顾客和军事顾客用的有关飞机及其飞行质量的说明书，它适合于驾驶员用的。

（3）从说明书到出售的量化指标，设计者通常需要引进理论工具（theoretical tool），如流体设计中控制容量的分析方法。这些工具通常是建立在科学知识的基础上。即便如此，这些知识都通常要加以扩展和重新表述以使其适用于解决工程问题。

（4）理论工具的运用转而要求各种数量资料（quantitative data）。作为案例，我引用飞机推进器运作的经验参量资料，它于 20 世纪 20—30 年代的飞机设计中用作选择最好的推进器的数据。

（5）为了达到这种设计，工程师们也引入一种称作实践考虑（pratical considerations）的范围，如驾驶飞机需要的空气动力学的稳定性的范围（它大多数是飞行质量说明书的一部分）。这些知识来自多年实践飞行的经验。这提供了一个很好的例证说明工程所处理的问题应该怎样做。

（6）最后，设计者需要布置各种各样的设计手段（design instrumentalities）、思考的程序与方法以及调整的技巧等。设计过程必须依赖于它们，其中最重要的是程序，运用它设计师们在给定的应用上最优化自己的设计。

正如设计手段这个范畴所指示的，工程师必须同时知道哲学家赖尔（Gilbert Ryle）所说的"knowing how"（知道怎样做）和"knowing that"（知道事实），即完成任务的知识和事实的知识二者。① 对于现时的目的，knowing how 不仅包括怎样进行设计，而且包括怎样获得或创造出用于这个过程的知识，例如，上面提到为了得到推进器的资料，研究工程师带来了经受时间考验的经验参量变量法，在这里装置及其操作的参量系统地进行改变以适应设计的试验和实行重复的测量，由于这些实验要在缩小的尺度上进行，实验者也必须知道如何运用理论的类比规律将工作模型尺度的结果转换到原型尺度的装置中去。这种参量变换方法有时由科学家导出，但它的目的是不相同的；而在科学中，很少用到尺度处理方法，这些例子只说明发生了何事。有充分的证据说明，用莱顿（Edwin Layton）的话说，工程师真实地提出了"他们自己的或多或少地系统化了的知识实体，来满足实践的需要"②。

这些例子提示了关于工程与科学的理论概括。在所有这些案例

---

① G. Ryle, *The Concept of Mind*, London：Hatchinson, 1949, pp. 27 – 32.

② Layton E. T. , "Review of O. Mayr（ed. ）, *Philosophers and Machines*", *Technology and Culture* 18（January）, 1977, pp. 89 – 91. quotation from p. 89.

中，工程知识的有效性标准可以表述如下：它要设计出什么东西，才使其工作对解决某些实践问题有帮助呢？（除了设计，我们还须补充生产与操作运行来覆盖所有的工程）"工作"一词在给定的情形下有不同的解释，但"效用"（utility）的意义必须加以保留。无疑地相对应的科学知识的标准可以在哲学上进行论证，我提议它或多或少地可以表述如下：它对于理解宇宙的某些特殊特征有帮助吗？人们用"理解"和"宇宙"这个词来表示什么当然可以有不同的诠释。但是，无论这些词的诠释如何，在科学中的智力理解或解释与工程中的实践效用（practical utility）之间的本质区别必须掌握住。我的意见并不是说工程师对于他们的设计不涉及理解，而科学家对于他们的实验装置的效用，甚至他们的理论的效用完全不关心。但当筹码放下来的时候，选择必须做出，共同体的优先选择变得十分清楚，工程师们，必要时会将"想去理解"的愿望放到一边，以使他们的工作按时完成；他们甚至会运用成问题的理论以及假定，如果没有什么其他东西更有效益并且经验也没提示他们应该怎样"工作"的话。而科学家所选择去做的事情是献身于这样的研究生涯，去研究理解那些还不能识别出其应用的东西。在科学中，成问题的信息必须丢弃，或者坚定不移地努力去解决这些问题。我们可以观察到有许多进一步的标准，在此我只局限于指出与那些不对称论题相类似的东西。正如我们在标准中认识到的，在科学中和工程中知识都是达到目的的手段，前者的目的是理解，而后者的目的是解决实际问题。如果引用我那本书上的话来说，那就是："在科学中，手段直接作用于目的；而在工程中，手段是通过某些东西作中介，通常是用物质的人工事物作中介来达到目的，这些人工事物就是设计（或生产或操作）的中介客体"。这就是我们前面已经指出的而表达上有些不同的运用知识的本质上的不对称性。和前面所说的一样，这种不对称性证实了西蒙关于科学处理的是事物是怎样的而工程设计处理的是事物应该是怎样的这种区别性。

　　这就是我企图总结我的著作的历史图景的和认识论的结构。随着我反思我写了一些什么，我背上一个沉重的包袱，即要在一篇文章中讨论清楚这些问题。不过这种诱惑反映了一个优点，就是检查在低层次上进行常规设计的必要性，它是一个很值得我们思考的问题。我认为，无疑地，近年来技术史家不断地加强了自己的这种理解；工程知识有正当的理由被认为自身就是知识论的一个种类。

（张华夏译自波士顿哲学丛书236卷，克罗斯（P. Kroes）与巴克（M. Bakker）主编《工业时代的技术与科学的发展》，1992。）

（三）选译之二："工程师知道什么"（美国弗吉尼亚理工学院，皮特著）

说工程师知道的东西构成工程知识，正像说科学家知道的东西构成科学知识一样，这种对一个不言而喻的东西应该是什么的表达方式，很容易令人误解。毫无疑问，构成科学知识的东西，不仅超过了一个科学家所知道的东西，甚至也超过了所有科学家所知道的东西的全部总和，因为在任一给定时刻都存在一些可能没有被科学家记住的科学真理。例如，孟德尔（Mendel）定律被人遗忘直到它被人"重新发现"时为止。另外，也可能是这样的情况，全部科学知识要比所有科学家知道的东西的总和要少，因为，科学家们所知道的东西并不是没有差别、相互一致的。就是说，有些时候某些科学家知道的东西同其他科学知道的东西是不相容的，或许甚至是相互矛盾的，这样一来总的知识减少了。

有趣的是，工程知识的总和似乎并不会由于这个问题而受到损害。在工程认识论的领域内矛盾似乎没有出现。工程师之间在什么是解决某一问题的最有效的办法方面可能存在着争论，但是，在给出特定的围绕有关接触点的设想的条件下，情况并不是两个所受的教育和经验阅历相类似的工程师可能各持完全不同的见解，相互对抗，即他们竭尽全力地相互反驳。

在本文中我要考察工程知识的某些方面，目的是要确定工程师知道的是什么东西。许多方面都依赖于我们如何解释"知识"。我将为知识的实用说明进行论证，这一知识是奠基于真实基础之上的，在这种知识当中，相对于科学知识来说，更广更高的要求在这一基础上形成了，工程知识被证明要比科学知识更加可靠得多，从而揭穿了在传统观点中认为科学是我们最好的、最成功的生产知识的手段这一谎言。我将首先对一种实用知识理论作简略的勾画，接着在转到工程知识之前先考察一下科学知识。最后考察一下某些传统哲学问题的命运，以此结束本文。

1. 一种实用主义的知识理论

认识论是一个古老的论题，并且至今依然墨守成规地存在着。至少自柏拉图以来，知识论就一直集中到一个关键性因素——单个个体的内在心理状态上面。在休谟（David Hume）之前，这一心理状态是确实无疑的东西（certainty）。在休谟之后，经验主义者为了对被证明的真正信仰的形式作某些修改而抛弃了确实无疑的东西。可是仍然是把重点集中到单个个人知道的是什么东西上面。我现在极力主张的观点最初是在作某些修改的皮尔斯（Charles Saunders Peirce）的著作中提出来的。皮尔斯所发现的传统经由詹姆斯（William James），杜威（John Dewey），刘易斯（C. I. Lewis），古德曼（Nelson Goodman），奎因（W. V. O. Quine），雷歇尔（Nicholas Rescher），当然还有很少人知道的塞拉斯（Wilfrid Sellars）等人延伸下来。由这些人以这一形式或另一形式认可的一个简单的思想就是，一个命题或命题集要有资格成为知识必须经由一个合适的共同体认可。我在《关于技术的思考》（*Thinking about Technology*，1999）中，将上述思想大致以这样的方式做了表述：单个个人生产的知识候选者，只有得到一个合适共同体按照统一标准使用协商一致方法认可的时候，才有权要求成知识，并且才能变成为知识。这对于强纲领的社会学家（strong programme sociologists）来说没有什么新东西，对相对主义者来说也是如此——皮尔斯毕竟是一个实在论者（realist）。但是，这一思想却解除了我们设计命定的标准，使我们能够用它来确定述说一个具有 X、Y、和 Z 性质的命题是否能够被说成是知道了某些东西所带来的毫无效果的烦闷。这一标准之所以是命定的，是因为它们忽略了历史上的和其他方面的偶然性事件。在另一方面，如实用主义的说明，把重点转移到由科学共同体已经设计出来的标准上。不过，即使是在这里，这一标准必然会碰到底线条件。对于实用主义者来说，这一底线就是成功的行动（successful action）。根据刘易斯的说法，"知识的效用就在于，它给我们一种控制力，通过合适行动，控制整个我们未来经验的质量。"（Lewis，1962）

2. 科学知识

科学知识的性质、结构和证实问题对于 20 世纪的许多人来说一直是具有重要意义的中心议题。虽然这一问题现在仍然未弄清楚，就是说关于科学知识的标准没有一致的意见，由于科学是一个进化着的活动将来也可能不会有一致意见，但是，若干个关键性的特征已经从讨论中涌现出来了。这些特征是从对在科学革命过程中原先提出来的科学知识标准进行重新评价当中产生出来的，在科学革命进程中，被提交出来的新科学被声称在类型上根本不同于以前作为知识被接受的那种类型的知识，像亚里士多德学派那样的从基础概念的深奥定义出发产生出来的知识。

根据新科学的传统，存在几个值得重视的科学知识的特征，最近的讨论却迫使我放弃它或作重大的修改。已知新科学强调数学的作用，科学知识被描写为"普遍的""真的"和"确定性的"。可是，由于不同的科学有独有的特征，最值得注意的是社会科学，这已经变得更加明显，普遍性的要求不得不被修改或被谨慎地打破了。在社会科学中，社会相对主义的发展使得这成为不可避免。科学对"真实性"和"确定性"的要求也遭受到相类似的命运。但是在这一情况当中，问题并不是涉及各门科学的特殊特征方面。更重要的一方面是由于很难以毫无疑问的方式证明科学主张的真实性，另一方面是由于普遍认为根本无法确定任一科学主张同它的证据之间关系的性质。

为回答这些最新重构的问题，引起了对原有科学知识标准的批评，依据这一批评对该标准做出了修正。在系统阐述了对科学知识标准所作的修正的前提下，传统的说明也还提供了某些继续可行的特征。例如，传统观点认为科学知识是由探索某一理论领域的研究者所创造的，这些研究者的目标是提供对在该领域的客体和过程当中的关系的一种说明，即能够为通常所观察到的现象或在其他领域中所发现的现象提供某种解释基础的那样一种说明。假如我把科学知识的一个关键性特征孤立出来，这就是：科学主张从其中它们被联系在一起的理论中得到它们的含义，因此，科学知识是受制于理论的（scientific knowledge is theory-bound）。[①]

科学知识受制于理论的性质提出了除另外一些问题，它超越了那些上面提及的有关科学知识的某些传统假定，特别是这样的观点：科学知识假如是真的，它永远就是真的。如果科学知识是受制于理论的，并且假如（如我们从科学史上知道的）理论是变化的，那么科学知识就是变化的。因而，被当作科学知识来接受的东西，并不是任何时候都是真的，至少并非全部都是真的。[②] 然而这也许不是一个惊人的主张。人类知识的发展是一个持续探索的过程，在这一过程中，我们重新评价我们在取得新发现的进程中所知道的东西，并且抛弃那些不再继续同最新的一批信息相一致的东西。

我们要进一步注意的是，科学知识的试探性的性质并不意味着知识仅仅是相对的，特别是无论在任何意义上都不意味着要给反对科学主张在认识上的优先权的那些人以安慰，这一认识上的优先权

---

① 这里不是探讨科学理论和其技术基础之间关系这一有趣问题的地方，但是值得注意的是，理论科学家的使用与这一基础之间存在着复杂的相互作用。例如，有的时候对于处于某一给定领域中的某类客体的考察由于新的仪器而成为可能，伽利略的望远镜揭示了木星的卫星存在，这就是一个例子。同样地，一定的理论用支持它们的仪器可以增强其辩护力。再来谈一下天文学的历史，一旦通过望远镜可以观看天体的时候，有关宇宙大小的问题就推动人们为做这种测量去改进望远镜来显现微米尺度，这就要求发展一种测量和距离的理论等（见 Pitt, 1994）。

② 我这里所指的是理论接受的历史，而不是指理论的真理性问题。

是传统上我们赋予科学主张的。科学家不断地修正他们志愿认可的东西，并且检查他们的假设和方法，这一动态过程正是科学生命力的真正中心。因此，尽管科学知识具有受制于理论的性质，科学质询的自我批判的过程，在它被共同体按照标准判定为"最好的"的那一时间范围内，还是最有用的。

科学探索的最终目的是解释。因此，在实用主义说明的语境中科学知识应用的最终的成功就是解释。我们运用一种理论去探索某一对象领域，简化它们的各种各样的关系，目的就是要借助于该领域客体的活动去解释那些用别的方式不能够加以解释的东西。为什么一个桌面是硬的？为了回答这一问题我们发现，我们需要求助于一种科学理论，这种理论提出，存在一个比较小的客体的领域，这些微小客体由一系列的力结合在一起，正是由于在这一微观领域之中的力和客体，使得我们有可能对某一坚硬的桌子作现象学上的描述。科学的目的应该是帮助我们去理解世界呈现给我们的方式，并且它通过求助于而不是直接显而易见的世界的面貌特征来构建和检验理论去实现这一目的。①

科学知识还有其他方面对其生命力来说是基本的特征，但是在这里无须涉及。为了有一个富有成效的考察工程知识性质的出发点，我们只需要集中到这两个特征上来；①科学知识是受理论制约的；②科学知识是被发展来解释世界运转方式的。不幸的是，当科学活动的试错和重新评价过程这一特征似乎是展现出它的活力的同时，这一过程也毁坏了科学知识在认识上优于工程知识这一主张的

① 这一科学解释的说明看来像是支持一种形态的科学实在论。这一观点所依据的解释理论是由塞拉斯发展起来的，他是一位科学实在论者。他接受这种观点，即认为世界的终极实在要素是由我们的最好的被确证的理论所断定的理论实体。我接受塞拉斯解释理论的结构并且用西西里的实在论（Sicilian Realism）来取代塞拉斯的科学实在论（Sellarsian scientific realism）。西西里的实在论有两个基本观点：①接受这一见解即由当前公共接受的理论集所假定的实体是完全真实的，世界是一个错综复杂的地方；②否认归化原理（the principle of reduction），按照这一原理某一领域的实体被换成不外是这个或那个理论领域实体的归并，例如，桌子只不过是分子的集合体。西西里的实在论是彻底的实在论。

基础，同样地，如我们将要看到的，科学知识受制于理论的性质引发了若干问题，而这些问题并未使工程知识陷入烦恼。

3. 工程知识

在《工程师知道些什么，以及他们是如何知道的》（1988）一书中，文森蒂确定并且发展了一个最初是由莱顿在他的具有里程碑意义的文献《作为知识的技术》（*Technology as Knowledge*）一书中引入的主题。文森蒂从一个实践的和深入思考的工程师的观点对工程知识提供了一个说明。莱顿和文森蒂两人支持这样的观点即认为工程知识和一般说的技术知识构成一种离散的不同于科学知识的知识形式。莱顿在比较后的一篇文献，他著名的 1987 年技术史协会的主席致辞，"通过照镜子或者从湖面镜像来的消息"当中，他支持霍尔的发现，并且声称"技术知识是关于如何做或制造东西的知识，反之基础科学具有一种比较普遍的知识形式"（Layton，1987，p. 603）。文森蒂支持这种观点，援引 Gilbert Ryle 著名的关于知道如何（knowing how）（技术）和知道那（knowing that）（科学）两者之间的区别的论述。

莱顿和文森蒂两人都参与为这样的观点辩护：虽然科学和技术可以以各种方式相互借用和相互依靠，由于它们具有不同的目标从而构成两种不同的知识形式。科学的目的是解释，技术/工程的目的是创造人工制品。文森蒂以如下方式来表述："技术，虽然它可以运用（apply）科学，但是它不是如同或完全等同于应用科学（applied science）"（Vincenti，1990）。他用有几分迷人的和高度启发性的陈述来为这种观点辩护。由于他看到这一点，假如我们以技术是应用科学的命题出发，那么就没有可能去考虑这样的观点，这一观点认为技术可能包含有能够对独立于科学而取得的技术成就，例如埃及金字塔和古罗马的大道做出解释的一种知识的自治形式。已知的、非常明显是不依赖于科学的那些技术的存在，使我们有充分的理由相信，我们不能把技术仅仅刻画成为应用科学。没有事实根据说科学和技术每一个都必须依靠另一个，同样也没有事实根据说其中一个是另一个的子集。假定是半自治的知识形式，关于作为技术知识的一种特殊形式的工程知识的与众不同的性质，我们能够说什么呢？

从一个由罗杰斯（G. F. C. Rogers）给出的极为简明的"工程"定义出发［这一定义使人非常想起梅森（Emmanuel Mesthene 的）"技术"定义（Mesthene 1970）］——文森蒂确定了工程的三个主要组成，然后集中到设计的观念上。根据罗杰的说法（如文森蒂所引用的并且由我作稍微的扩展）：

> 工程指把任何人工制品的设计和建造［以及，我（文森蒂）拟加上去的，运转］组织起来的实践活动，这种人工制品对围绕我们的物理的［以及，我（皮特）拟加上的，社会的］世界进行转换以适合于公认的需要（Vincenti，1990）。

罗杰斯定义最值得赞扬的一个方面就是把工程描述成一种实践活动。就是说，工程，好像科学一样，是一种带有特定目的的活动。已知罗杰斯的见解以及梅森把"技术"看作是"为达到实践目的的知识组织活动"的定义：通过一系列的替代我们完全充分地看到这一点，工程知识是同目的在于对付人类的环境的人工制品的设计，建造和运行相关联的。文森蒂通过集中到设计上面，把工程知识的中心进一步聚焦在"设计知识"这一论题上。详细地引用文森蒂对设计过程的描述是有价值的，这是因为它直接地导出了作为一系列计划的设计同设计过程这两者之间的一个重大的区别。

> "设计"当然表示一批设计图和生产这些设计图的过程这两个方面内容。在后者的含义中，它典型地包括提出关于人工制品布局和尺寸的试探性的设计图案（或若干设计图案），通过数学分析和实验测试检查候选的设计方案，看它是否能做所要求的工作，以及当它不能按要求工作时（通常在开头都会发

生这样的情况）进行修改。这样的程序通常需要多次重复直到最后确定的设计图能够被发送去进行生产时为止。正在做的事情也比这样一个简单粗略的设想要复杂一些。可能需要进行多次艰难的交替使用，同时要求在不完全和不确定的知识的基础上来作决定。假如可利用的知识不适用时，也许不得不进行专门的研究（Vincenti，1990）。

文森蒂所描述的这一设计过程是"任务特殊的"并且本质上是用试错来刻画其特征的，但是这并未揭示出设计知识内容的一般性质。这是因为文森蒂要获得为任何一类任务所需要的设计知识的一般性质，必须提出一个把设计过程分解为垂直的和水平的两个组成部分的详细样式，从而可用来在总设计过程中精确确定什么东西何时何地是需要的。文森蒂把为此目的提出的设计叫作常规设计以此同根本设计相对立。① 常规设计以解决问题过程的最关键方面即问题的辨认开始，分为五个部分。文森蒂虽然只是从他自己的学科来提取合适的例证，但是他提出的这一设计模式一般地说足够涵盖大量的设计过程。例如，包括建筑物外观的建筑工程的设计、电子系统的设计、卫生管道工程的设计等，或者如置于太空的绕着轨道旋转的望远镜的设计。

（1）工程定义：把一些通常不太清楚、明确的军事上或商货上的需求转变成具体的技术问题以便提供给第二级设计用。

（2）总体设计：做出适合于工程定义的飞机的布局和比例的设计图案。

（3）主体设计：将工程划分为机翼设计、机身设计、着陆传动装置的设计、电子系统设计等。

（4）根据工程学科要求，在第三级设计基础上对各组成部分的

---

① 跟随康斯坦纳之后，在他的《涡轮喷气机革命的起因》（*The Origins of the Turbojet Revolution*，Johns Hopkins Press，1980）中。

细部进行设计（如机翼的空气动力学设计、机翼的结构设计、机翼的机械制造设计）。

（5）把第四级设计中的各类设计进一步划分为一些非常专门的问题（如机翼空气动力学的设计细分为平面图形、机翼截面和高寿命装置问题）（Vincenti 1990）。

文森蒂概略描述的过程似乎十分简单。首先定义问题，将问题分解为它的各组成部分，并且如果需要的话，按照问题和专门的要求再细分为更小的区域。最初扫视一下不明显的方面就是各层级相互作用的方式。在进一步反思的基础上，能够看到在第三层级上会发生对总体设计的一些分岔并且互相对立着，但是承认这一点就要求做一些工作，简言之，在整个过程中任何一个设计工程都要允许有大量的协调工作。在这一方面，如果一个设计过程仅仅是集中到协调工作上，设计过程听起来就好像是科学过程的回响。不过，在科学研究过程同工程设计过程之间还是有比较大的或者说明显表现出有重大的差别。正如他说的："这样的连续的划分把飞机问题分解为比较小的易于管理的子问题，其中的每一个子问题都能够用半孤立的方法来处理。这时完整的设计过程、上上下下和水平方向地跨越各个层级反反复复地继续着。"（Vincenti 1990）假如，通过举例的方式，我们用这一方式来思考一个建筑学问题，就很容易确定要设计的建筑物是什么类型（第一层级设计），如是专门用途还是多种用途的建筑，这同应该有的浴室的固定设备那种类型（第四级设计）是相对立的，虽然其中一个最终将对另一个有影响。

在这一点上，我们可以暂时停下来并且仔细检查科学知识和工程知识的这种比较。首先诸如受理论制约以及目的在于解释这样一些科学知识的特征似乎是同文森蒂所寻求的那种类型的知识尖锐对立的。工程知识是有专门任务的，并且其目标是生产人工制品用于预定的目的。

由文森蒂对工程知识的说明中揭示的两种类型知识之间还存在着第二方面的重大区别。由于工程体现为一种解决问题的活动（这不是它自身具有的，使它与其他的诸如生物学活动或者甚至是哲学活动区别开来的特征），工程师用来解决他们的问题的就有其独特的方面。对这些特殊类型问题的解答结果以参考手册的形式被编入目录和记载下来，这些参考手册能够被跨越各个工程领域使用。例如，测量材料的应力已经很大程度上被系统化整理出来，依靠这一材料，如何做这种测量在一个应用手册中就能够找到。这种情况导致这样的观念，即认为许多工程是"食谱工程"（cookbook engineering），但是在这个讽刺当中忘记了这一点，还有另外一部分知识是必需的，那就是要知道找什么书。这是引导工程师解决问题的一种独特形式的知识。可是在许多情况下我们读"食谱工程"这一词组通常是以一种贬义的方式来用的。但是在这方面什么是错的？假如这种在手册中的知识表达了这样的信息，我们不仅在各种各样的环境中，而且在无论有哪一种特定的意外事件发生的环境中都能够使用这些信息，那么这种知识不是那种接近于是普遍的、确定的以及（我们必须说的）真实的知识吗？能否说那些认为存储在手册中的工程知识同食谱知识一样的人使用一些夸张辞藻是为了掩盖科学知识的不充分性呢？

我们将这种食谱知识同受理论制约的知识加以比较。当该理论以这些方式或另外一些方式被证明是根本上有缺陷时，这种受制于理论的知识就会被更换。这意味着，我们知道我们所思考的东西应该是或不是这种情况，这对我来说很难说像是知识。可是，一个好的能够提供应力计算的食谱无论何时何地都能够被使用，一直到在适当条件下你替换时止。正好用一句基本的隐喻来表达：一本好的食谱可以为任何一个人准备一顿美餐。

让我们再深入一步地将文森蒂说明的工程设计过程同科学活动进行比较。我认为，许多人已经用许多地方的充分详细的资料证明根本不存在像科学方法那样的东西，就是说不存在这样一种方法，它能够保证客观性并且确保生产出具有普遍性、确定性和真实性的知识。要注意的一个方面是科学工作的受制于理论的性质将驱散任何残存的幻想。很明显的事实就是，在一种理论内部工作的一位科学家正在进行探索的领域是由该理论所圈定的，他或她的研究方向，即他或她要进行哪一类研究，都是由理论确定的。另一方面，当该理论领域需要时，研究就会被引向该领域，由理论提供的能告诉你要研究什么以及如何研究这样的向导是根本不存在的。再者，也没有一种对所有科学都起作用的方法。考虑一下天文学，已知的我们在天文学中查到的只是某一时间的观察资料，重复再现这一观察结果，传统上这是科学方法的基础，至少在原则上是不可能的。但是很难说天文学不是一门科学。另外，文森蒂对工程设计过程的说明却为整个设计过程进行的程序提供了一个详细而确定的结构。

我们再越过文森蒂来看一下布恰雷利（Larry Bucciarelli）的工作《设计工程师》[（*Designing Engineers*），Cambridge：MIT Press]，他否认在工程中存在一种唯一的设计过程。布恰雷利观察到，按照被设计的对象或被解决的问题的性质做出独一无二的设计是不可能有的。但是他的异议不是基于对工程设计的否定，而宁可说是基于对相关的各种可能发生的偶然事故的性质的精密细致的了解。就是说，在布恰雷利看来，我们能够凭着观念的产生和流动来发现设计的程序，而且相关的偶然事件也伴随着文森蒂提出的那种模式进来，当你考虑到不同类型的共同体的交互作用时，只能采用更为复杂的方式。这里最重要的一点就是，在工程设计中至少有一个起点，对于文森蒂来说，这个起点就是问题，对于布恰雷利来说，这个起点就是对象。两个人都看到，无论如何，正在工作的过程是动态的和相互作用的，而且它们都有一个由任务定向的起点，可是，对科学研究来说却没有给出这样的起点。

4. 哲学问题

工程知识的食谱性质的两个推论就是：①这样的知识能够跨越各个领域传播；②它无论在什么地方都能被使用，水闸通筑的基本原理没有变化，特定环境的意外情况可能要求一方穿越到另一方，但是其基础依然是坚固的。与此相反，科学知识明显地不能像工程知识那样以同样方式跨越领域"传播"。一个关键的障碍是它自己提出来的：不可通约性问题（The problem of incommensurability）。

不可通约问题是一个哲学问题，这个问题在库恩对科学变革的性质的描述中以大量篇幅居于前面。对于库恩来说，科学中的基本原理的变革是通过范式更替（paradigm replacement）实现的，以他的不可通约的观点，起初使用跨越范式（across paradigms）。库恩看来，一个范式包含了许多东西。可是为了进行这个讨论，让我们把范式看作是一个完整的思想体系，包括方法论规则、形而上学预设、实践，以及语言约定。两个范式被断定是不可通约的，这是因为处于不同范式中的主张是不能比较的，只要确定来自哪个范式的哪个主张是真的就行了。

对于这个似是而非的观点，必须假定一种特殊的意义理论，并且必须激活一种非常可疑的元语言假设。首先让我们看一下意义理论。从根本上说，意义理论，在不可通约性的假定之后，假定语句是按照处于受到统一的规则集支配的体系，即范式内部的语境来接受其意义的。这方面本身并不是这样麻烦。困难的部分是来自元语言的假定，即对于两个范式来说不存在共同观点，由此不可能比较来自不同范式的主张。要论证的是，必须这样一种共同的中性的观点，因为语句是受到范式的规则的。由于语句的意义是会根据不同规则来确定的，如果我们将一个语句从一个范式转换到另一个范式，它的意义就会发生变化。

在其他困难问题中间，此处挑拣出来的难题明显是一个不可辩明的二难假定：认为存在着一个能够应用到所有范式基本的意义理论，即处于任一特定范式之中的语句的意义都由这一范式的规则来决定，但是另一方面又认为，不存在允许对跨越范式语句进行比较的单一的意义理论。可是，如果我们能够断言，所有的范式通过详细说明规则将意义赋予出现在该范式中的词句，那么，我们为什么不能用我们用以发表这一声明的同样的元语言，来创立可以实现让语句进行比较这种目的的另一个范式呢？例如，完全不清楚的是，使词句获得意义的方式是通过详细说明规则来实现。可是，这正是我们正在考虑的理由，而且也是库恩的不可通约性问题的根源。那些更多的方面已经通过库恩对范式的解释而做了规定。但是除某些东西进一步禁止我们这样做以外，我们肯定能够说这样一些话：对于比较两个语句（每一个都是来自不同范式）这个目的来说，假如根据元语言的规则用元语言表达的语句，其运用的结果是相同的，那么无论如何，事实上这两个语句都意指同一东西。简言之，假如出自两个不同科学理论的两个语句，当它们转换到第三种理论中时，产生了同样的结果，那么我们能够说这两个语句表达了相同的主张。

这种解决办法是建立在我们对工程知识的说明之上的。假如处于某一范式的语境中的被系统阐述的某种东西能够被成功地运用到另一领域，那么有关含糊难懂的意义理论的深奥的哲学问题就被撤销了。对于处理不可通约性问题来说，这种解决问题的方式不会比不理会这一问题更好一些。这也可能不是一件坏事。有许多哲学问题依然围绕着我们，由于它们似乎离题，我们不再对其给予关注，例如，考虑一个许多天使在针尖上如何能够跳舞这类伪问题。不清楚的是，这个问题好像从未得到解决，可是谁关心过它呢？不可通约性的问题情况也是如此。假如这样陈述的问题从来也未被解决，那么它似乎就是无关紧要的问题。这种失去的关注起的作用就是使我们的立场从要为只是哲学家所担心的提供一种抽象的哲学上的辩护的烦恼中转移到一种实用主义的成功的条件上来：考虑处于这个语境中的来自这个理论的主张的使用后果。① 采取这种态度就要拒绝原先的在20世纪中占据重要地位的对科学的哲学分析的方法即逻辑实证主义，并且要接受实用主义。特别是当我们关注这个具有真正的世界影响的技术的时候，这是一件应该做的好事。

最后，我们注意到，工程知识是可以传播的，不仅可以跨越领

① Richard Rorty, *The Linquistic Turn*, Chicago: University of Chicago Press, 1967, p. 39.

域，而且可以传遍全世界（或许还可以超越出这个世界之外）。预计会有一个来自我的同事的有关各种文化帝国主义言行的异议，让我尝试地、先发制人地做这样的声明。我不是说要去传播这样的知识，这样的活动的拨款是一个政策考虑的事情。这不是在这里我要谈的东西。

现在回到我开头提出的结论上来，与那种建立在真实基础之上被断定为是我们的最好的知识形式的科学知识相比较而言，工程知识是一种更加可靠的知识形式。可是，简略地说，我们已经注意到科学知识是短暂的，即当理论变化时它是变化的。我们也注意到科学方法同样地不只是短暂的，而且是不稳定的，依赖于被讨论的科学领域，不仅没有跨越科学领域起作用的方法，而且在一门科学内部被研究的对象领域的性质可以提出不同的方法；可以比较一下生物、化学和植物学。最后，假如科学知识要通过实用主义的知识理论来评价，并且已知它的任务就是解释，那么当理论变革时，解释就会失败。这样科学史就成为失败的理论和不成功的解释的历史。

与之相反，我们具有工程知识，它是任务定向的。假如由书中的信息和专用于特定任务的方法和技艺组成的工程知识应用的结果，导致了客体的生产和问题的解决，符合那些完成这一任务的人的标准，这时它就是成功的。因为它是任务定向的，并且因为真实世界的任务都会碰到各种各样可能的意外，例如材料、时间构架、预算等问题，我们知道什么时候一项工程任务是成功或者是不成功。进一步说，那些食谱表达了什么工作积累的知识。这种知识是普遍的、确定的，并且（如果它起作用的话）在"真"的某种意义上说必定是真的。因此，按照我们提出的科学标准，工程知识似乎更加可靠、更加可信，具有更强的活力。因此，工程师知道的是什么东西，就是知道如何去完成任务，首要的就是因为他们知道这个任务是什么。

参考文献

[1] Bucciarelli, L. , *Designing Engineers*. Cambrdge, MIT Press, 1996.

［2］Layton, E., *Technology as Knowledge.* Technology and Culture（15）1974.

［3］Layton, E., Through the Looking Glass or News from Lake Mirror Image, Society for the History of Technology, 1987.

［4］Lewis, C. I., *An Analysis of Knowledge and Valuation.* La Salle：Open Court Press, 1962.

［5］Mesthene E., *Technological Change：It's Impact on Man and Society.* Cambridge：Harvard University Press, 1970.

［6］Vincenti, W., *What Engineers Know and How They Know It.* Baltimore：Johns Hopkins Press, 1990.

（彭纪南译自美国《技术》杂志5卷3期，2001年春季刊）

三　克罗斯的技术解释理论

(一) 综述和评论

在国外，技术逻辑和技术解释问题的研究正在兴起。最近的争论是从荷兰代夫特理工大学哲学系系主任克罗斯教授的那篇论文《技术解释——技术客体的结构与功能之间的关系》引起。这篇论文发表于美国《哲学与技术》杂志，1998年春季刊。紧接着，克罗斯进行了进一步研究，想比较彻底地弄清技术功能这个概念，又发表了《作为倾向性质的技术功能——一种批判性的评价》一文，刊于美国《哲学与技术》杂志（这时该杂志已改名为 *Techne*），2001年春季刊。2001年7月在国际技术与哲学学会（我国自然辩证法研究会、技术哲学专业委员会也参加了这个国际学会）的年会（该年会在苏格兰阿伯丁大学召开）上，克罗斯和他的同事梅杰斯（A. Meijers）共同提出了技术哲学的新研究纲领（new research pro-gramme）：技术人工客体的二重性。2002年 *Techne* 杂志的第6期，别的文章不加刊载，专门以这个研究纲领为主题发表了各方面的赞成和反对的论文。世界上许多重要的技术哲学家，如卡尔·米切姆（C. Mitcham）都卷入了这场争论。在这组文章中，客座主编、英国皇家哲学学会汉森（S. O. Hansson）教授指出，技术人工客体二重性的研究纲领的提出及其讨论是对技术哲学有深远影响的事件。

克罗斯等人的技术人工客体二重性的研究纲领，是他们准备发展出一种"技术认识论"的研究纲领。他们的主张有两个要点：①技术人工客体（technical artifact）有二重性质，首先它是一个物理客体，可以与人的意向性无关地进行描述。但技术客体有第二重性质就是它的功能性质，它与设计过程的意向性密切相关。这个结构与功能的二重性揭示了技术人工客体最根本的东西。如何从哲学上加以概念化分析，这是第一个问题。②由此引导出一个重大的认识论和逻辑问题。这就是结构描述不能推出功能描述，反之亦然。但工程设计者通过实践的推理能桥接这个逻辑鸿沟。克罗斯说："按照这个思想路线，因果关系就转变成实用准则（这个转换并不具有逻辑演绎的形式），这个转换在技术的设计中桥接了结构与功能之间的鸿沟。因此，技术解释并不是演绎解释；它在因果关系以及基于因果关系的实用准则的基础上联结了结构与功能。"

可是，米切姆不同意这个研究纲领，他说，技术功能已被技术哲学从不同的角度研究过了，对它的理解可以从不同方面来得到。但是：①为什么技术客体是二重性而不是多重性，②为什么要用一个本质主义的概念称它为"性质"（nature）而不是"特征"（character）呢？③为什么讨论的是技术人工客体（technical artifacts），而不是譬如说艺术客体（artistic objects）呢？

而南加州大学的贝尔德（D. Baird）则认为，这是一个科学真理与技术功能的关系问题。真理问的是世界是怎样的，即我们认为它是怎样的问题。而技术功能问的是这人工事物我们需要它的行为是怎样的问题。至于功能，应理解为输入与输出的关系，而不是意向性与目的性的问题。

很显然，技术哲学家们对人工客体性质的二分法概念以及功能是什么的问题都提出了质疑。这恰恰是问题的关键所在。面对这两个关键问题，克罗斯等人的确需要深入研究的。于是，克罗斯所在的荷兰代夫特大学哲学系联合美国布法罗大学哲学系，美国麻省理工学院，美国弗吉尼亚技术学院，荷兰艾恩德霍芬理工大学，美国乔治技术学院共同组织了 2002—2004 年关于技术人工客体二重性的国际研究纲领（The International Research Program of The Dual Nature of Technical Artifacts），作为现代技术的哲学基础的总体研究计划的一个部分。这个国际研究纲领发表的一个声明（The Manifesto of the Dual Nature Program）是很值得我们借鉴的。声明中说：

这个纲领的出发点是，我们习惯于引进两个基本的概念来描述实在。第一，我们至少将世界的组成部分看作是物理客体，它们是借助于自然科学的概念，如位置、速度、空间维度以及其他物理量等，来加以描述。第二，我们看到主体（agents），我们是借助于意向性的概念，如思想、愿望、意志以及信念等，来描述它们。

在哲学上，这是一个经典的问题：那就是这两种描述（借助于自然科学或物理学的概念化描述以及借助于意向性概念化的描述）之间的相互关系问题。在众所周知的最为显著的场合里，就这两种描述同时运用人的自身的情况下，就得到所谓心—物问题，不过当我们描述技术人工客体时，我们也同时运用这两个基本概念：技术人工客体都是物理客体，它用物理概念（如这条钨丝有 15 毫米长）来描述，也用意向性概念如技术功能来加以描述（这钨丝具有发光的功能）。进一步说，对于技术人工客体，这两种概念化都是不可缺少的：如果一个技术人工客体只用物理概念来描述，它具有什么样的功能一般地便是不清楚的，而如果一个人工客体只是功能地进行描述，则它具有什么样的物理性质一般地也是不清楚的。因此，一个技术人工客体的描述是运用两种概念来进行描述的。在这个意义上技术人工客体具有（物理的和意向的）二重性。

技术人工客体二重性是一个旨在以广泛的方式来探索哲学

视野的纲领。纲领所集中的两个重要的研究领域是：

（1）技术人工客体的结构与功能之间的特别的相互关系。这个领域也包含研究技术人工客体的设计问题：设计者怎样桥接结构与功能的鸿沟。

（2）技术功能的意向性以及它们的非标准认识论（non-standard epistemology）这个领域也包括技术人工客体的应用以及功能的社会方面。"

（http：//www. dualnature. tudelft. nl/index. htm）

对于克罗斯的技术人工客体理论和技术解释理论，我们基本上持一种赞同的态度。不过对于何谓技术结构和技术功能，我们依系统科学的研究和科学哲学的研究重新加以定义。特别是对于"功能"的概念。我们划分了四种不同的功能概念：①物理因果性功能；②生命目的性功能；③人工客体的技术功能；④社会组织功能。我们力图解决克罗斯与贝尔德之间的争论，对人工客体与天然客体之间进行详细的比较并将人工客体的范畴放到波普尔世界3的本体论范畴中进行讨论，力图加深和扩展人工客体的认识。至于技术解释，克罗斯只分析了运用技术结构来解释人工客体的技术功能，而我们则建立层次解释模型，不仅模型化了和形式化了结构解释和功能解释，而且推展到人工客体的结构功能的进化论解释和控制论解释，并把它建立在技术行为解释的基础之上，力图建立一个技术解释的面面观。为了进行比较研究，我们原原本本地选译了P. Kroes 的两篇代表性论文。

（二）选译之一：《技术解释——技术客体的结构与功能之间的关系》（荷兰代夫特理工大学，克罗斯著）

1. 技术客体的二重性

技术客体，例如，一部电视机或一把螺丝起子，具有二重性。一方面，它是带有特定物理结构（物理性质）的物理客体，它的行为是由自然律来支配的。但另一方面，任何技术客体的一个本质的方面，就是它的功能（function）。一个技术客体具有功能，这意味着，在人类行为的语境（context）中，它能被用作达到一定目的的手段。一个物理客体是一种功能的载体，正是借助于功能这客体成为一种技术客体。通常，一种技术客体是人类设计的体现，功能与物理载体合起来组成技术客体。功能不能从技术客体的应用的语境中孤立开来；它正是在这个语境中定义的。由于这个语境是人类行动的语境，我们称这种功能为人类（或社会）的建构。所以，技术客体是物理的建构以及人类社会的建构。

技术客体的二重性反映在两种不同的描述模式（modes of description），即描述的结构模式和描述的功能模式。在作为物理客体的限度内，技术客体可以借助于它的物理的或结构的性质与行为来进行描述。这种技术的结构模式运用来自物理规律和物理结论的概念，而毫不指涉客体的功能。现代物理学的语言中没有功能、目的与企图这些概念的位置。至于它的功能，技术客体是以企图的（目的论的）方式来被描述的：电视机的功能是产生动的图像，螺丝起子的功能是拧紧或拧松螺丝（Searle 1995）。从结构的观点来看，一个技术客体的纯粹功能的描述，有一个黑箱，这个黑箱在这个意义上被表征，即它没有说明客体的任何物理性质：电视机是某种（无论它可以怎样做）产生运动图像的东西，而螺丝起子是某种拧紧拧松螺丝的东西。

2. 技术设计的性质

更仔细地研究设计与设计过程的概念也可揭示出技术客体的二重性质（Kroes，1996）。一种设计可以指涉粗糙的总体性的概观，它表明一种技术的功能是怎样被实现的，就像达·芬奇说明飞机的概观一样。或者它也可以详细地描述在研究实验室中发明和开发出来的人工制品的样机；这样机是技术功能的具体实现，不过离批量生产还有很大的距离（例如贝尔实验室开发出来的第一个点接触型的晶体管）。不过一种设计也可以是一组图册，其中人工制品的组成部分有极为详细的描述。在后一种情况人工制品的构造是这样详细地作出，以致我们可以说，这个设计就是生产它的一张蓝图。所有主要技术问题，而且常常是有关它的生产的技术问题，都已经解决了。通常，这种形式的设计是委托给设计与开发部做的。现在，人工制品的总体及其部分都已详细描述了。在这个阶段，人工制品的设计与开发阶段走向结束，也许拿去生产了。

　　这里，设计的概念，首先的意思就是对一个物体客体作完整的描述，使得在这描述的基础上这个客体能制造出来。在现代工业中，特别是在大型工场里，这样的设计通常都是高度制度化过程的结果，这个制度化的过程包括各种设计部门和许多专业的设计师。这个设计的过程典型地是从定义商业要求和说明人工制品开始的；这样做的理由或者来自明确的市场需要，或者自身就是一种技术的机会。在这个阶段，新的工作制品是借助于它的总体功能性质和成本这样的词语来定义的。接着而来的阶段就是对这人工制品的技术与商业的可行性进行调查研究。再经过几个其他的中间步骤，设计过程以刻画出这人工制品的整体及其每个部分的完整的和详尽的技术的/物理的特征而告终。换言之，在设计过程中，要被实现的功能转变为要被生产的建构，最终的步骤就是设计的技术有效性和技术的证实；粗略地说，它由展示实现它所想要的功能的人工制品的样品所组成，而在此以前，那设计只存在于纸上。

　　从总体上说，对应于解决设计问题的不同的方面，设计的过程可以划分为不同的方面或不同的步骤，从设计方法论上说，分析—综合—评价三段论常被看作是设计过程模型的出发点（Grant，1993）。在设计只是由单个人来实现的活动这个限度内，这些设计阶段只从概念的观点来加以讨论。随着设计变为一个团队的事情，它由复杂的与巨大的系统来处理设计事宜，在现代工业中，设计大部分都是这样进行的。这样，设计过程的阶段与方面就变为组织、控制和掌握生产发展过程的重要的制度工具。按照系统生活的循环的各个部分，赛捷做出了设计过程分阶段划分的典型实例（Sage，

1992）。这些阶段和方面是：要求与说明、主要概念设计、逻辑设计与建构的推测、详细设计与检验、操作补充、评价与修改、操作调度（的确，不同的阶段会重复出现）。它包含了从生产开发的出发点（将商业/功能要求的详细说明肯定下来）到设计和开发阶段的最终观点（人工制品的详细技术设计）之间的若干个中间步骤。在设计的过程中，人工制品逐渐地取得它的固定的形状，整个人工制品及其各个组成部分终于被功能的和物理的性质的词统一地确定下来。

所以，设计过程典型地开始于所要求的功能的描述：有些东西要生产出运动的图像，有些东西要能拧紧或拧松螺丝。正如我们已经指出的，功能性描述的特征就是它不涉及所希望的客体的任何物理性质。因而，设计过程的出发点是某种物理系统的黑箱描述。设计师的任务就是要表明，这个黑箱怎样能被一个物理系统所满足，这个系统能实现所需的功能。这个设计师建议的设计必须包含这个物理系统的完整描述。但是，重要的事情在于，设计不仅仅是我们所要做出来的事物的物理性质的一个完整的描述。一个设计必须也包含（至少是暗含着）一种关于所建议的物理系统怎样能够实现所要求的功能。换言之，一个设计也要包含技术解释（technological explanation），即借助于技术客体的物理结构对这个客体的功能进行解释。技术解释是设计的各部分的整合，在为设计作辩护中起到关键的作用：它表明在其物理结构的基础上，一个客体实现着一定的功能。

3. 技术客体的结构与功能的关系

关于适当的设计包含了技术解释的主张引起了一个基本问题。这个问题的意思是，工程师能够在技术客体的结构描述和功能描述之间的鸿沟上建起某种连接它们的桥梁：一种借助于意向性语言（intentional language）来描述的功能，可以用由非意向性的结构语言来描述的结构加以解释。这怎么是可能的呢？对于描述技术客体的结构模式与功能模式之间的关系，这种解释意味着什么呢？是一种模式可以还原为另一种模式吗？可以从某种客体的完全的结构的（科学的）描述中演绎出它的技术功能，或者相反的演绎也是可能的吗？对于后一个问题的回答通常都是否定的。例如，技术历史学家和技术哲学家文森蒂，追随波罗尼的观点指出，技术客体的操作原理并不已包含于自然律（laws of nature）之中。按照文森蒂和波罗尼的看法，描述技术的人工制品怎样达到它的功能的操作原理不能由这些自然律推演出来（Vincenti，1990）。文森蒂说：

> 最后，操作原理提供了科学与技术之间重要的差别——它起源于科学知识实体之外，并服务于某种先在的技术目的而存在着。一旦诸如汽叶片、推进器以及铆钉之类的物件的操作原理被设计出来，物理规律可以用来分析它们，我们甚至可以设计发明它们；但物理规律无法包含这些原理，或自身蕴涵这些原理。波罗尼做出有点不同的但本质上是一样的观点，他说："客体的物理化学图像在某种情况下是进行客体的技术诠释的线索，但（在怎样达到它的操作目的的问题上）它自身会将我们留在完全的黑暗中……关于作为客体的机器的完全（科学的）知识并不告诉我们机器本身是什么。"

明显地，无论文森蒂还是波罗尼，他们相信，在技术客体的（技术的）功能描述和它的（科学的）结构描述之间存在着一个鸿沟。尽管如此，标准的做法是在设计语境中，而又不限于这个语境中，使客体的结构与功能发生关系。这怎样是可能的呢？有关这个问题我们首先来作简短的讨论。

（1）形式被功能推出：关于设计语境中的结构与功能关系的比较极端的观点是将形式被功能推出的原则当作它的出发点，这里"形式"（form）一词与我们这里所说的"结构"同义。"形式被功能推出"这个短语可以用两种不同的方式加以诠释，但两者都归于无效。在第一种情况下，它是在时间的意义上被诠释；则意味着设计过程从功能与功能要求的定义开始，而随后形式（结构）经过由某种序列模型来开列的一系列步骤而被推出。但设计过程是比较复杂的，很少表明有简单的线性结构。通常的做法是，在设计过程中，开始设立的功能的说明与要求必须重新考虑与重新调整，因为它们在同一时间不能都达到。在设计过程中功能与形式通常是一起具体化的。

第二种情况，从逻辑的构造上，形式被功能推出原则意味着，形式（结构）是功能的逻辑后件。换言之，物理结构逻辑地被功能要求所蕴涵。的确，这个理念很难有讨论的价值。这就意味着，解决一个设计问题如同发现一个正确的逻辑推理一样。在大多数的场合下，功能要求是相互冲突的。因此，派伊指出："对于任何设计，它是不可能成为（功能）要求的逻辑结果的。简单地说，这是因为要求是相互冲突的，它的逻辑结论是不可能的。"（Pye，1993）（这样说时，派伊并不是一个好的逻辑学家。如果描述要求的一组陈述是矛盾的，则描述无论什么设计的任何陈述，都可以从这一组前提中加以推出）即使当这些功能要求之间并不矛盾，也不存在有任何理由来假定设计可以由此而逻辑地被推出。因此，一般说来，不相同的设计都可以满足同一组功能要求（这被称为功能等价）。（Kitch，Salmon，1989）。类比于科学中的"理论对于事实的非充分决定性"（underdetermination），我们可以称为技术中的"设计对于要求的非充分决定性"（Petroski，1994）。

（2）功能被形式推出：情况发生于考古学，在设计的语境中，考古学将结构与功能的关系，看作好像是精确的镜像关系一样。假定确实存在着某种实现于一定技术功能的古老文明存在，考古学家通常的兴趣就是重构这个功能。在这种情况下，客体的物理结构已知，客体的功能未知。这客体的某种功能必须从客体的结构中演绎出来或推导出来。这就是功能由形式推出。

作为例子，我们来研究一下石器工具。在一定的石头的几何形状以及它的其他物理性质的基础上，怎可能确定我们所处理的不是天然的客体而是早期人类为实现某种功能而生产出来的人工制品呢？在许多情况下，考古学家从结构到功能成功地重构客体的功能，按照谢利（Shelley）的研究，在这个重构中，有一种形象化的外展推理（visual abductive reasoning）介入其中（Shelly，1996）。他认为，这种外展推理的结构乃是这种石头的（物理）性质的一种解释。这种解释建基于这样的假说上：这个被研究的石头实现了一定的功能。所以，在考古学中，我们精确地看到在技术设计语境中所遇到的情况相反的东西：在考古学中，功能解释了客体的性质（结构），而在设计中结构解释了功能。的确，外展并不是逻辑演绎推理的形式。因此，结构与功能的关系并非演绎。进一步说，这里结构等价问题（功能等价的镜像）发生了。因为同一种结构可以实现不同的功能。结构与功能一一对应的关系是得不到保证的。

明显地，技术设计师与考古学家们是能够在结构与功能之间，在结构的描述与功能的描述之间的间隙上筑起由此及彼的桥梁的。有时他们以某种方式，在客体的结构描述与功能描述之间成功地建立了或多或少地可信赖的联结。在这两种情况下都包含了解释：或者用结构解释功能，或者用功能解释结构。但亨普尔和奥本海默的演绎规律解释（deduction-nomological explanation）看来是被排除了。因为这意味着功能描述可以从结构描述中逻辑地演绎出来或者相反。

4. 技术解释：纽可门蒸汽机的案例

为了避免误解，我们必须指出，技术解释这个词用在这里的意义不要与文献中所说的功能解释相混淆。在功能解释中，一个（生物的、物理的或技术的）系统的结构与行为是用它的目的或功能来解释：为什么人体有一个心脏？回答：要将血液泵向全身。这个功能解释了这个结构。有关这类解释的性质与其他类型的解释或它们在科学中的作用毫无一致之处（Kitcher，Salmon，1989）。

这里关于功能这个概念本身，有许多问题没有解决。技术解释与功能解释相反，它是用结构来解释技术功能。

　　现在我们来比较详细地检查一下技术解释的结构。用作案例的是一个有关早期的蒸汽机，即纽可门机的操作的解释。操作的概念指的是这部机器的功能被实现的方式。这个型号的蒸汽机首次运用于矿井排水的实践（约于 1712）。直到 18 世纪末发明转动型蒸汽机，纽可门机主要具有一种功能：它用于将水泵走（Hills，1970）。偶尔地，蒸汽机也被用于其他目的，如从矿井中提升煤和矿。例如，20 世纪 70 年代，斯米顿（J. Smeaton）建起了几座"风引擎"（Skempton，1981）。他也设计和建造了用于鼓风炉吹风的蒸汽机。但这里重要的情况是，在这种情况下，蒸汽机并不直接地产生风力以及直接向机器吹风，而是间接地通过水轮来干这件事。蒸汽机的主要功能乃是将水从低水池泵向高水池，由此水冲向水轮。换言之，蒸汽机就是提水泵［按斯米顿（Smeaton）的说明"它是这样一种实业，火力引擎特别适用"，Hills，1970］。因此，纽可门机是这样一种驱动泵，这是它的主要技术功能，直至 18 世纪末也是如此。

　　纽可门机用活塞在汽缸中上下移动来进行操作。从技术的观点看，作为泵的器械的纽可门机的操作，在 18 世纪之初就已经很好地被人们理解了。例如由特里弗德（Triewald）（1734）和德萨吉利埃（Desaguliers）（1744）所作的蒸汽机的最早描述，就包含了论证的所有的关键因素，从蒸汽机的输入，即以煤和木头为燃料，到它的输出，即水的提升或巨大拉杆的往复运动，后者在实践上都主要用于驱动泵。火与蒸汽的作用在蒸汽机的技术操作上是很好地被理解了。换句话说，蒸汽机的技术功能是能够用蒸汽机的设计和某种相关的经验事实，以及操作蒸汽机的必要行动来加以解释。

　　让我们更加仔细地查看技术解释的某些本质要素。

　　首先，火力具有使水变为蒸汽的能力，而蒸汽占有比水大得多的体积，这已是一个很好的、确立的经验事实。按照将蒸汽看作"只是湿气"的特里弗德的说法，这个事实是支配蒸汽机操作的基本原则："从火力机的加热，引起空气膨胀的明显事实出发"。如果水蒸气是湿的空气，则当水变成蒸汽时，空气从哪里来的问题便产生了。特里弗德回答道："所有的水都包含有不可计量地多的空气。在气泵下面有水停留着就是一个证明。"（Triewald，1734）德萨吉利埃同样将这件事看作是蒸汽机的工作原理。几乎在一个世纪之后，这仍被里斯（Rees）看作是蒸汽机的一般原理（Rees，1819）。里斯事实上区分了两个主要原则，①加热的水产生高压的蒸汽，这解释了高压引擎的操作。②蒸汽的冷凝收缩，产生了一个真空，这是大气机器的操作基础。

水变成蒸汽是在锅炉里产生的。

解释火，作为蒸汽机的输入怎样能够带来作为输出的（机械）运动的第二个重要步骤涉及在蒸汽的帮助下产生部分真空的问题。这是以下列方式达到的。当蒸汽阀门打开时，蒸汽流入气缸。由于蒸汽的压力和泵杆上水的重力，活塞向上运动直至达到气缸的顶点。这时蒸汽阀门关闭。然后冷水注入汽缸；这就引起蒸汽的收缩和创造一个部门的真空。特里弗德描述真空的产生如下：

> 由于冷水喷入气缸，像一场大雨的落下，因而蒸汽冷凝，由于热膨胀变得极稀薄的空气也收缩了，这样一个真空毫不延迟地和即时地在气缸中被创造出来（Triewald，1734）。

进而，在一个容器中产生真空，相伴随而来的就产生一个力，即加在容器壁上的大气压力。关于存在着加于抽气容器中的力是由奥托·冯·格里克（Otto Von Quericke）的实验充分证明了的。这个实验的证实记载于他的著作 Experimenta Nora Magdeburgica 中。通过适当的设计，这个力可以作为提水力而开发出来。纽可门机的一个容器壁是可动的活塞，真空的产生引起这个活塞向下运动，因为凝缩的蒸汽"不能顶住大气加于活塞的重力，它是被急促地压下了"（Triewald，1734）。最后，加于活塞上的大气压力由一个机械结构（巨大摇杆）传递到泵杆的末端，它被大气力举起。随着活塞达到汽缸的底部，蒸汽阀再次打开，整个循环便重复出现。

上述的推理链表明，早期的蒸汽机工程师对于纽可门机中火产生力（驱动泵）的方式有一个很详细的理解。这种理解一方面建基在某种众所周知的物理现象中，即火对水的扩张作用，蒸汽冷缩产生真空和大气压力。另一方面，纽可门机的设计以及一定的行动（打开和关上阀门）起到本质的作用。不求助于纽可门机的详细设计和建构以及它的操作模式，他们是不可能解释火怎样会产生机械运动以及纽可门机如何能够实现它的功能，即驱动泵。

5. 技术解释中的结构与功能

纽可门机的操作的解释有如下的形式：

图 I

解释者：物理现象的描述

　　　　人工制品的结构（设计）的描述

　　　　一系列行动的描述

被解释者：人工制品的功能的描述

关于结构与功能关系的论题，现在关键的问题是解释者与被解释者是怎样相互关联的。在纽可门机的例子中，被解释者明显地是由解释者逻辑地推出的。解释者描述了一种详细的因果机制，它必然地导致泵杆的上下运动。看来，纽可门机的功能，即驱动水泵的功能，因此而被还原为它的结构了。注意，这里结构的概念必须取得其广泛的意义：不仅包括机器的设计，而且包括物理现象和操作机器的必要的行动。所以和上述的论述相反，看来好像至少在这个例子中，不存在结构与功能的鸿沟。这个技术解释明显地满足演绎规律解释的条件。

认真谨慎的研究表明，情况并非这样，这是因为有两大理由。详细讲来，纽可门机的功能的技术解释有如下的形式：

图式 II

解释者(1) 物理现象：

　　　　——将水转变成蒸汽增加体积许多倍

　　　　——在一密闭的容器中冷却水蒸汽而造成真空

　　　　——在每平方厘米上，大气施加 1 千克的力于其
　　　　　　上，等等

　　（2）机器的设计

　　　　——蒸汽机由锅炉、汽缸、活塞、摇杆等组成

　　　　——活塞在汽缸中可上下移动

　　　　——活塞由一根链连接到摇杆上，等等

　　（3）一系列的行动

　　　　——打开蒸汽阀门，汽缸为蒸汽所充满；活塞向上
　　　　　　推移

　　　　——关闭蒸汽阀门，注入冷水，在汽缸中产生真
　　　　　　空，等等

　　被解释者：纽可门机是使泵杆上下移动的手段，它推动了泵
（蒸汽机的功能）

　　为什么这里不是借助于结构来解释功能的第一个理由是解释者
包含了所有种类的功能概念。像活塞、汽缸、蒸汽管、蒸汽阀门等
概念都带有功能的性质。特别是机器设计的描述和操作机器的行动
都为功能概念所污染。

　　这些活塞可以消除吗？可以重新表述解释者，消除其中所有功
能概念而又不危及功能解释吗？原则上这明显是可能的。纽可门机
的设计可以对它使用的物质等作图示的和说明性的描述。例如，活
塞可以用功能方式进行描述，将说成是在可动的方式上旨在密封一
定体积的蒸汽的客体，但也可以通过说明它的几何形状及其他物理
性质而结构地描述它。同样明显的是运用功能概念来描述操作机器
的必要行动，例如，打开汽阀之类，可以描写成机器的子系统的状
态变化。

　　让我们作出这样的假定，在原则上解释者可以这样地加以纯
化，使其中所有的功能概念失去其解释的有效性。则借助于功能概
念描述的解释者事件的因果联系链可以转变为用结构的物理概念描

述的事件的因果链，而使被解释者，即机器的功能，仍然是一样的（当然，解释因而变得相当的复杂，不过这只涉及解释的实用层面）。在这些相当有道理的假定下，我们的第一个论证即我们反对图示Ⅱ是借助于结构解释功能的技术解释变得并不是太有说服力了。

但我们还有第二个论证，它涉及被解释者。按图示Ⅰ，被解释者包括了纽可门机的功能描述，这功能就是驱动泵，或说得具体一些，就是将泵杆上下拖动。这个被解释者真的能从解释者推出吗？回答是否定的。解释者蕴涵着纽可门机的摇杆使泵杆上下移动并不是蕴涵着纽可门机的功能是使泵杆上下移动。换言之，当我们用泵杆上下移动的陈述替代图示Ⅱ的被解释者时，我们最终所得到的不过就一定事件的因果解释的规范例子罢了。

上面所述的意思是，我们必须仔细地区分下面两个陈述：

（1）纽可门机将泵杆上下移动。

（2）纽可门机的功能是使泵杆上下移动。

第一个陈述描述事实上的因果关系：纽可门机产生摇杆的运动，而这个运动引起泵杆的运动。图示Ⅱ的解释者提供了这个陈述的可接受的解释。第二个陈述是很不相同的种类，它说的是纽可门机是达到一定目的（即泵杆上下移动）的手段。这个陈述是不能从解释者中推出的。（请比较下面的例子：月亮围绕地球的运动因果地解释了落潮和涨潮的现象；但这种运动对这种现象的解释并不蕴涵地—月系统具有产生潮水涨落的功能。）这可以从下面的论述中看出。假定摇杆的运动被用于驱动飞轮以便使机轴产生一种旋转运动来驱动纺织机器而不是去驱动一个泵，则同一客体的功能是驱动纺机而不是驱动泵（或者被用作驱动一个将往复运动转变为旋转运动的机构）。换言之，纽可门机总体上具有不同的功能；它变为达到不同目的的手段。尽管如此，解释者并没有发生什么变化。这样，结论必定是，用同样的解释者，以逻辑演绎方式解释了不同的功能。

　　在这方面，重要的事情是要仔细地注意这样的问题：哪些是纽可门机的组成部分，哪些不是纽可门机的组成部分。泵杆或飞轮结构与摇杆不同，它们通常不被看作是机器的一部分。这意味着，这个机器的输出是摇杆的上下运动。这个运动是因果地由图示Ⅱ的解释者解释了。当其他系统如泵或飞轮装置与摇杆耦合之时，有可能给出有关该系统及其与纽可门机耦合的足够的知识，来因果地解释摇杆在这些系统上的运动效应。但纽可门机摇杆上下运动给出的因果解释并不蕴涵对这种事实的解释，这事实是，在一种情况下，纽可门机的功能是驱动水泵，而在另一种情况下，它的功能是驱动飞轮装置。

　　6. 从逻辑的视野看结构与功能的鸿沟

　　在上面讨论的基础上，我们可以得出结论，我们已做出的关于纽可门机的操作的解释完全不是一种技术解释，即不是一种用结构来对功能进行解释。迄今为止，在纽可门机的结构描述与功能描述之间，我们不可能建立任何的联系。从技术客体的结构、某些物理原则以及一组行动出发，有可能因果地解释有一定性质的现象，即摇杆的上下运动。但以逻辑演绎的方式，推出客体的功能是不可能的，因为同一物理现象，依不同情景，可以成为不同目的的手段，即可以有不同的功能。

　　给定从结构到功能的路径，这路径明显地引向死胡同，让我们试试从其他方式来研究这个问题，看看能走多远，这就是从功能到结构。假定纽可门机的功能是驱动水泵，这就可能决定什么类型的输出机器必须做出。因为泵用于抽干矿井的水，一个特定的上下运动是所要求的东西。这个运动对于水泵的适当的运作是必要的。因此，从泵的结构中，有可能写出（draw up）对纽可门机输出的一系列要求。这些要求的说明是用结构的方式描述的。在日常的设计过程中，所要求的功能转换为被设计的系统的结构性质起到关键的作用。

　　让我们假定这个转换具有逻辑演绎的特征。换言之，当 x 具有

功能 F，则 $F(x)$ 逻辑地蕴涵了 x 具有一定的结构性质（即满足一定的规范）。

$S_1(x), \cdots, S_n(x)$；

$F(x) \rightarrow S_1(x), \cdots, S_n(x)$。

现在假定一个系统 y 具有这些性质（满足一定规范），我们是否可以得出结论说系统 y 具有功能 F 呢？这个结论是最成问题的，因为这个论证具有下列的形式。

$F(x) \rightarrow S_1(x), \cdots, S_n(x)$

$S_1(y), \cdots, S_n(y)$

$\cdots$

$F(y)$

这是被称为确证后件的错误，一组性质在逻辑上并不蕴涵一个功能。于是我们再次得出这样的结论：在客体结构性质的基础上，它的功能是不能以逻辑演绎的方式被推出。

上面关于纽可门机中的结构功能相互关系的分析，可以总结为下列的方式：

图Ⅲ

| 人工制品
的结构 | → | 具有特定性质
的物理现象 | ← → | 详细开
列的性质 | ← | 人工制品的
功能 |

这个图示表达了用于蒸汽机操作的技术解释的完整的论证链。

7. 结论

在具有图示Ⅲ的结构的技术解释的基础上，工程师在技术客体的结构与功能之间建立了强的联系这是一个事实。在图示Ⅲ中，由于两个箭头方向相反，结构与功能的关系不具有逻辑演绎的特征。那么，结构与功能之间的联系，是什么性质的呢？

我们对这个问题作出一种可能解答的建议来结束本文。假定两个事件 X 与 Y 存在着因果关系：

（1）X 是 Y 的原因。当 X 出现时，Y 就要出现（假定其他事情保持不变，没有干扰出现）。进一步假定使事件 X 出现（在技术上）是可能的。则在因果关系 a 的基础上，有可能写出下述的行动规则（rule of action）或实用准则（pragmatic maxim）；

（2）要实现 Y，取决于 X 的出现。假定这个行动规则，使 X 出现是使 Y 出现的手段。换言之，使 X 出现具有产生 Y 的功能，必须注意行动规则 b 是不能从因果关系 a 以逻辑的方式导出的。尽管如此，从实用的观点看，我们将这里的行动的（技术）规则 b 看作是可被证明为高度可信赖的。情况是否这样，取决于因果关系 a 是否经验地被确立，以及在给定行动的语境下"其他情况保持不变"这个从句是否成立。

现在让我们用这个观点来例解纽可门机。对于纽可门机与泵的组合系统，图示 Ⅱ 包含了导致泵杆上下移动的事件的因果链的描述。为简化起见，当我们将图示 Ⅱ 的解释当作"使纽可门机进行操作"的解释，则可以作出下述的因果链：

（1）开动纽可门机（x），就引起泵杆的上下运动（y）。

在这个命题的基础上，我们表述下述的行动的技术规则：

（2）要使泵杆上下运动（y），就要开动纽可门机（x）。

这个行动规则描述了一个特定的目的，泵杆的上下运动，可以通过操作纽可门机的行动来达到。在行动的语境中，纽可门机变成了达到目的的手段，即获得了一定的功能。这功能就是驱动泵。但纽可门机之所以能够实现这种功能，只是借助于它的（物理的）结构，因为行动规则 b′ 是建立在因果关系 a′ 的基础上的，而后者只能在机器的详细结构或设计的基础上推导出来。

按照这个思想路线，因果关系就转变成实用准则（这个转换并不具有逻辑演绎的形式），这个转换在技术的设计中桥接了结构与功能之间的鸿沟。因此，技术解释并不是演绎解释；它在因果关系以及基于因果关系的实用准则的基础上联结了结构与功能。

参考文献

［1］ Desaguliers, *A Course of Experimental Philosophy*，1734，1744.

［2］Grant, D. P. , "Housing Location for Low Income Residents: An Architectural Case Study of Simulating Conflicts of Interests and Generating Compromise Proposals. " In DeVries M. Cross N. and Grant D. , *Design Methodology and Relationships with Science*. Dordrecht: Kluwer, 1993.

［3］Hills, R. I. , *Power in the Industrial Revolution* . Manchester: Manchester University Press, 1970.

［4］Kitcher, P. , Salmon W. *Scientific Explanation* . Minneapolis: University of Minnesota Press, 1989.

［5］Kroes, P. A. , "Technical and Contextual Constraints in Design; An Essay on Determinants of Technological Change. " In Perrin J. Vinck D. , *The Role of Design in the Shaping of Technology* , COST A4, Vol. 5. Brussels and Luxembourg: European Commission. 43 – 76, 1996.

［6］Petroski, H. , *The Evolution of Useful Things* . New York: Vintage, 1994.

［7］Pye, D. , "The Nature of Design. " In Roy R. Wield D. , eds. , *Product Design and Technological Innovation* . Milton Keynes and Philadelphia: Open University Press, 1993.

［8］Rees, A. , *The Cyclopedia, or Universal Dictionary of Arts, Science, and Literature*. London, 1819.

［9］Sage, A. P. , *Systems Engineering* . New York: Wiley, 1992.

［10］Searle, J. R. , *The Construction of Social Reality* . New York: Penguin, 1995.

［11］Shelley, C. , "Visual Abductive Reasoning in Archaeology. " *Philosophy of Science*, 1996, 63, pp. 278 – 301.

［12］Skempton, A. W. , *John Smeaton* , *FRS*. London: Thomas Telford, 1981.

［13］Triewald, M. 1734. *Short Description of the Atmospheric Engine*. Stockholm. Reprinted, Cambridge: Heffer, 1928.

［14］Vincenti, W. G. , *What Engineers Know and How They Know It* . Baltimore: John Hopkins University Press, 1990.

（张华夏译自美国《哲学与技术》杂志 3 卷 3 期, 1998 年春季刊）

（三）选译之二：《作为倾向性质的技术功能：一种批判性的评价》（荷兰代夫特理工大学，克罗斯著）

摘要 本文主张：为了要理解技术知识（即区别于自然客体知识的、有关技术人工制品的知识）的性质，必须发展一种关于技术功能的认识论。这种认识论不得不提出功能概念的含义问题。占支配地位的一种意见就是把功能理解为一种同易碎性和可溶性等物理性质相类似的一种性质。要指出的是，这一功能概念原则上是有缺陷的。借助于卡尔纳普（Carnap）对倾向性质这一术语的分析，可以发现，物理倾向性质这一术语与功能倾向性质这一术语之间具有根本的区别。这一区别同规范性的争论有关，对于功能倾向性质而言，构建一种特定种类的规范性的陈述是有意义的，对于物理性质而言，情况却不是这样。

导言：技术知识的二重性

在别的文章中我们已经论述了技术人工制品的本体论上的双重性质（Kroes，1998）。技术人工制品一方面是物理客体或过程，具有特定的结构（各种属性的集合），它们的行为受到物理定律（因果规律）的支配；另一方面，任何一个技术客体不可缺少的方面就是它的功能。试想一下，将技术客体同它的功能分离开来，所留下的东西正好是某种物理客体。正是由于一个客体具有它的特定的功能，这一客体才是一个技术客体。可是，技术客体的功能不能脱离开意向性（intentional）活动（使用）的情境（context）。一个客体的功能，在始终如一的意义上说，其根基是建立在它所处的情境之中的。当我们将意向性的活动同社会世界联系起来（而不是将因果性活动同物理世界相联系）的时候，可以把功能说成是一种社会建构物。①因此一个技术人工制品，在同一时刻，既是一种物理建构

---

① 我通过使用社会建构物的概念，并不是指一个人工制品的有意识使用的情境，内在地就是一种社会情境。我留下这一个开放性的问题。

物，同时也是一种社会建构物：它具有双重的本体论性质。

这一双重的本体论性质在技术知识的层面上有其相对应部分。技术知识也有两面性，一方面，它同技术客体的物理（或结构）性质相联系。让我们来看一下一部汽车，它具有至关重要的在技术上有重大价值的所有物理性质，例如，它的重量，每公里燃料消耗量，它的外形，它的空气阻力，它的爆发力（breaking power），它的燃烧室的形状，在一个燃烧循环中燃烧室的温度和压力等。物理性质的知识，这些物理性质是如何结合在一起的知识，以及汽车运转时发动机中的物理化学过程是如何发生的知识，这些都是标准的汽车技术知识的分解和综合。另一方面，技术知识也和客体的功能性质有关。除了知道某一特定的客体有一圆的形状，是由钢制造的等以外，我们还知道它是一个驾驶盘（steering wheel），即它在汽车中履行特定的功能。汽车的设计者、制造者和使用者，借助于功能概念至少可以表达他们关于像一部汽车那样的技术客体的一部分知识。例如，他们声称，客体 X 有功能 Y，并且假定，正像有关某一物理性质的言说一样，有关客体 X 的言说，可以是真的或是假的。我们可以作出这样的结论：技术知识不仅包含技术人工制品物理结构的陈述，而且也包含技术人工制品的功能的陈述。

从工程设计的观点来看，技术知识不仅包含结构的知识，而且也包含功能的知识，这是相当清楚的。工程设计的过程可以理解为一种解决问题的过程，在这一过程中，一种功能被翻译或转换成一种结构（Kroes，1996）。这一过程通常是从搜集关于所渴望的功能的知识开始的，而用一个设计作结束，这个设计是一个关于可实现所渴求功能的物理客体、系统或过程的描绘蓝图。有各种各类的技术被工程师用来解决设计问题，其中有一些技术清晰地说明技术的双重性。例如，大家熟知的技术客体的结构和功能的分解技术。在结构分解中，一个客体被分解为可以用来制造或构建该客体的一个个物理部件。在功能分解中，一个技术客体的总体功能被分解为一定数量的子功能，这些子功能合成的功能性质同该客体整体的功能是一样的（Dym，1994）。关于整体功能如何分解成子功能的知识，如同有关何种物理结构可以实现特定功能的知识一样，都是技术知识的一个重要组成部分。因此，工程设计需要功能的知识和结构的知识。

　　尽管功能知识的重要性对于工程师、工艺师和技术使用者来说是如此明显，但是在分析技术知识的性质时，这一类型的知识却很少引起人们的注意。在有关技术知识的标准教材文森蒂写的《工程师知道什么，以及他们是怎样知道的——航空历史的分析研究》一书中，我们并没有发现他对有关这一类型的知识作出系统讨论。文森蒂在他的《设计知识的剖析》（*Anatomy of Design Knowledge*）中讨论了六个范畴：①基础设计概念（fundamental design concepts）；②标准与规格（criteria and specifications）；③理论工具（theoretical tools）；④数据（quantitative data）；⑤实践的考虑（practical consideration）；⑥设计手段（design instrumentalities）。值得注意的是缺少一个关于功能知识的特定范畴。基础设计概念这一范畴似乎最接近功能知识，它包括解释一个装置如何工作的运行原理，用 Polanyi 的话说就是"它的特征部件是如何组合到实现其目的的整体运作中来履行其功能的"（Vincenti，1990）。这样一来，基础设计概念的知识包含了功能和目的的知识。Vincenti 在进一步讨论基础设计概念时指出，运行原理提出了"一个技术和科学之间的重大不同点"。可是，功能知识是什么类型的知识，以及这一类型的知识是如何同物理性质的知识相关联的，对这些问题却没有作系统分析。在理论工具的范畴中也没有找到对这些问题的讨论。理论工具是工程师为执行设计任务所使用的工具。在这一标题下，文森蒂讨论了智力概念，认为它提供了在工程中思考结构的语言。在其他部分当中提到了来自科学的基本观念。但是很明显，功能概念（它们不是从科学中借用来的，因为它们同关于世界的科学概念并不相匹配），对在工程设计中的思维来说，同科学概念一样重要。可是文森蒂并没有明确地提及它们。

对功能知识的哲学分析和对功能概念的含义的哲学分析是一个被忽视的论题，特别是对于技术知识和技术功能来说情况更是如此。[①] 由于现代科学的强大的影响，在科学中使用功能概念通常被认为会引起争议，这是不会令人感到意外的。在物理科学哲学内部有一种很强的要将功能概念还原为结构概念的信条。[②] 一个值得注意的反例就是在生物学中功能的使用。这一使用在科学（生物学）哲学家中间一直是一个热烈探讨和争论的问题，但是这一争论却没有在有关生物学功能性质的解释方面得出普遍接受的结论。[③] 可是初看起来，技术功能的观念同生物学上的功能观念两者之间似乎有重大差别，前者不言而喻地同人的有意识的活动的情境有关，后者却不是这样。

有关功能知识的争论焦点是：[④]

述说客体 X 具有功能 Y 其含义是什么？

对于如同"客体 X 具有功能 Y"那样的陈述为真的条件是什么？

陈述客体 X 具有功能 Y 怎样才能得到证明？

考虑到上述的生物学上的功能和技术功能之间的区别，对这些问题的回答取决于所考虑的功能的类型。这里我们首先感兴趣的是技术功能。目前仍未见到对有关技术功能的这些问题的系统论述。从上所述中引出的结论就是，为了理解技术知识的性质，特别是为了同科学知识进行比较，必须对这些问题加以论述，换句话说，必

---

① 更一般地说，对技术人工制品及其功能的性质的哲学分析是一个几乎不存在的领域。Presston（1998）做了如下的观察："通常人工制品的性质，特别是它们的功能的性质，被认为是如此显而易见、清楚明白，但是事实上根本没有人费心地对其进行充分的考察。"还可见 Dipert（1993）。

② 有关功能的排除主义的简短讨论，可见 Bigelow & Pargtter（1987）。

③ 作为例证，可见 Wright（1973），Cummins（1975），Boorse（1976）以及比较近的 Bigelow & Pargtter（1987）和 Preston（1998）。

④ 请注意，从逻辑实证主义者的观点看来，第一个问题和最后一个问题是一致的。

须发展一种与结构认识论截然不同的技术功能认识论（后面我们将会回到这一点上来）。

作为这一方向的第一步，下文我们将详细讨论技术功能是倾向性质（disposition）这样一种观念。不过，我们将从简要地讨论有关结构和功能陈述（描述）原先的一些争论开始。

1. 结构陈述和功能陈述的相似点和不同点

结构陈述和描述与功能陈述和描述两者之间有着明显的相似之处和相异之处。首先我们认为，许多在平常生活中惯用的功能陈述，正如许多结构陈述一样，是一种经验事实，具有一种经验内容，并且依据经验境况，可能为真或者可能为假。因此，像"这是一个驾驶盘""这个驾驶盘重 3 英镑""这是一个汤匙""这个汤匙是用银做的"等陈述，都是经验陈述，并且依据所包含的客体的情况，可能为真或者可能为假。剩下来的应该考察的东西就是，对于这两种场合，真（假）的观念是相同的还是不相同的。

其次，至少有两种将功能归到客体上的方式。其一是说客体 X 具有功能 Y（这一客体具有写字的功能），其二是说 X 的功能是 Y（这个客体的功能是写字）。我们将这两种功能归附的方式看成是等价的。此外我们还将假定，诸如"客体 X 是一支笔"这样的表达式，意味着将一种功能通过上述两种方式中的任一种方式归附到客体 X 上。涉及结构性质方面也存在同样的归附方式。而且我们还将认为这两种表达式，"X 有结构性质 Y"和"X 的一种结构性质是 Y"应该是等价的。剩下要分析的是，将一种功能（功能性质）归附到一种客体上，与将一种结构性质归附到一种客体上这两者之间是否有重大的差别。换句话说，在这两种情况下，"有"（has）、"是"（is）这个词具有相同的含义吗？同这一争论有关的问题是：在何种意义上可以认为功能是客体的性质，在何种意义上，功能性质和结构性质这两个亚类是不同的。

除了功能和结构的陈述和描述两者之间这些表面相似之处以外，初步看来两者也有深层的不同。最显著的一个不同之处涉及评价（规范）问题。声称一个客体 X 如一辆车，说它是好车或是坏车，这是完全有意义的，这粗略地包含有它适合于履行某一特定功能的意思；可是声称一个客体 X 如氧分子是一个好的或坏的氧分子，根本就没有意义，因为像这样的一个氧分子缺少一种内在固有的功能。给定 "X 具有功能 Y" 这一陈述，评价性陈述 "X 很好地（很差地）实现功能 Y" 似乎根本就不成什么问题。但是同样的评价性陈述却不能用到陈述 "X 有结构性质 Y" 上面。一个客体的功能描述为一种评价的（规范的）视角留下了余地，然而结构描述却不是这样。

乍一看，一个客体的结构描述和功能描述之间还有一个重要的区别。功能描述是一种"黑箱"描述。客体是用一定的输入如何转变成一定的输出这样的术语来描述的。例如，一部电视机的功能，可以被描绘成一种能将电磁信号转换成图像的装置输入如何转换成输出，这是清楚明白的，但是在黑箱之内是何种物理机制却是一无所知。换句话说，这种功能描述在涉及客体的物理构造和结构方面是不清楚的，功能则是清楚的。这同以下事实是相关的，功能描述是从使用的情境的角度、从手段和目的的视角来考察客体。从这一观点来看，首要的是某些客体，不考虑其构造，可以用来作为达到一定目的的一种手段。结构描述同功能描述正好相反，它对黑箱的物理内容是清晰的，结构描述是一种"白箱"描述；它描述了处于黑箱内部的事物的所有物理性质。

尽管由前所述似乎表明，当关注描述的透明性/不透明性时，客体的结构描述和功能描述之间存在着一种强烈的不对称性，实际情况并非如此。一切都依赖于所选择的观察角度。当关注的是实现所描述功能的物理结构时，功能描述是黑暗的，同样地，当关注的是由所描述的物理结构实现的功能时，结构描述则是黑暗的。一个客体的纯粹物理的描述并不能说明它的功能是什么（如，它是一辆汽车），一种物质的化学描述也不能告诉有关它有什么医药上的功能的任何东西。① 这样一来，从一种功能的观点来看，一个结构描述也是一个黑箱描述。在每一个方式的描述都可视为另一个方式的黑箱描述这一意义上，这两种描述方式相互之间所处的地位在事实上是对称的。

隐藏在上述观点之下的一个基本假设就是，功能描述和结构描述在如下的逻辑意义上是彼此独立的：一个客体的功能不可能从该客体的（完全的）物理描述中演绎出来，反之亦然。换句话说，物理的描述并不是已经包含（暗含）着功能描述，反过来也是这样。这是以已知事实为根据的一个显而易见的设定，已知的事实是，一种特定的功能通常可以用物理学上的不同方法来实现，同一个物理客体可以行不同的功能（这是大家所熟知的功能的多种可实现性和客体的功能多样性）。这一逻辑上的独立性提出了工程师在设计实践中，怎样才能在一个客体的功能描述（即设计过程的输入）同用一个设计所给出的结构描述（即设计过程的输出）两者之间的鸿沟上架设桥梁这样一个问题。

要注意的是，从制造技术人工物品的角度来看，功能描述和结构描述之间不存在对称和等价。结构描述（以一种设计的形式出现）对于制造技术人工物品来说是必需的。设计的总体观点就是按照给定的一种所要求的功能的描述，来精确地生产出一个能充分实现这一功能的结构的描述。一个技术客体的功能描述，在一种功能多层次分解的意义上说，其中子功能又可分解为子子功能等，无论是怎样精巧细致，它仍然只是一种黑箱描述。在某些时候，在有可能制造出一种可以实现所要求的功能的物理客体之前，功能（子功能等）必须先转换成结构。

最后，功能性质与结构性质的本体论地位似乎是相当不同的。功能不能很好地同物理科学的本体论相符合。从物理学的观点看

① 参见 Vincenti（1990）和 Kroes（1998）。但也可参阅 Dipert（1993），他的反面主张：在一定的环境下"来自创造者的目标—手段层次的意图是可以在物理客体自身中观察到的"。

来，客体没有功能。物理性质是客体内在固有的，就是说它是由不依赖于任何其他事物的那些客体所特有的。与此相反，在特定的有意识的观察者当中，功能通常被认为是外在的，即是由使用者归附到客体之上的：

> 现在要看到的最重要的东西就是，对于任何现象的物理学来说，功能都不是内在固有的，而是由有意识的观察者和使用者外在地赋予它的。简而言之，功能决不是内在固有的，而始终是同观察者相关的（重点号是作者加的）（Searle，1995）。

假如功能性质与结构性质的本体论地位真的有这样的区别，那么这一点是很清楚的，在诸如"X有性质Y"和"X有功能Y"这一类句子中，结构性质和功能性质的属性应该有一种基本的差别。可是，功能性质的属性正如结构性质的属性一样，似乎也有客观的意义。正如塞尔（J. R. Searle）所说的：

> 同观察者相关的世界特征描述的存在，并没有将任何新的物质客体加到实在之上，但是在认识论上它却能把客体的特征加到实在之上，问题是这一特征是同观察者和使用者相关联而存在的。例如，它是一个螺丝起子，这是认识论上的对这一事物的客观特征描述，不过这一特征只是同观察者和使用者相关联时才存在的，因此这一特征在本体论上说来是主观的（Searle，1995）。

这一情况正好要求去发展一种功能的认识论。假如把技术功能归附到客体上在认识论上是有意义的，即可以在我们原有的关于世界结构的知识之上和之外，增进我们关于世界的知识，那么就有必要去精心构造一种功能的认识论。毫无疑问，关于条件从句的事实是能够存在的：工程的实践，以及更一般的每天生活的实践，都表明功

能的论断包含了关于世界的真实知识，这种知识不同于包含在结构
的论断当中的知识。

任何一类技术功能认识论都应该是对如下问题的一种分析：什
么类型的性质是功能性质？现在我们将考察一下对这一问题的一种
可能回答，即功能是倾向性的性质（dispositional properties）这样
一种观念。

2. 作为倾向性质的技术功能

技术功能是客体某种倾向性质的观念，在有关功能（无论是生
物学上的或人工制品的功能）性质的讨论中起着重要的作用。在赖
特的关键性的论文（1973）中已经出现了这一观念，不过赖特并没
有明确地使用"倾向性的"（dispositional）这一术语。正如大家所
熟知的，赖特以下述的方式给功能下定义：

X 的功能是 Z 其意指：

（1） X 存在是因为它做 Z（X is there because it Does Z）；（2）
Z 是 X 存在的一种结果［Z is consequence（or result）of X's being
there］（Wright，1973）。

当一种功能从来也未实现时，或者当一个设备发生故障时，在
这种情况下，这一定义就出现问题了。赖特作为一个例子讲到过，
在一辆汽车的仪表板上的一个可以启动挡风玻璃洗刷系统的按钮，
可是它从来也未被使用过，在这种情况下，X 从来也没有做 Z。不
过赖特仍然想要坚持这一按钮有启动挡风玻璃洗刷系统的功能。为
了这些案例，赖特不得不从以下的方式来说明条件（a）："似乎所
要求的全部就是在适当的条件下 X 能够做 Z"。这非常接近用倾向
性质（disposition）来解释功能。当然，在有缺陷的设备的情况下，
条件（b）也不得不重新说明，因为那时 Z 不是 X 存在的一种结
果。事实上赖特注意到，在那种情况下，条件（b）不得不要用能

够适应这些情况的方式加以放弃或改变。①

卡明斯（R. Cummins）明确地将功能同倾向性质联结在一起：

> 某些东西或许能够抽吸，即使它从来也未像泵那样起作用，而且即使进行抽吸并不是它的功能。另一方面，假如某些东西在系统 s 中像一个泵那样起作用，或者假如某种东西在一个系统 s 中的功能是抽吸，那么这个东西在系统 s 中必定是能够抽吸的。因此归结为功能的陈述意味着倾向性质的陈述；将一种功能归附到某种东西上面，有部分地，就是将倾向性质归附到它上面（Cummins，1975）。

根据卡明斯的观点，要将一种倾向性质归附到一个客体上，应该要求这一客体的行为在一定的条件下展现出一种特定的如规律般的规则性。这些倾向性的规则性要求用相关客体的结构特征来作解释。一种倾向性的规则性的解释显示"这一倾向性质的表现是如何在给定的所要求的起作用的条件下造成的"。卡明斯并没有进一步去分析倾向性质这一概念，他简要谈到区分倾向性质（disposition）和能力（capacity）可能是有用的，并且谈到可以认为功能同能力的关系比功能同倾向性质的关系更紧密一些。

最近，比奇洛（J. Bigelow）和帕吉特（R. Pargentter）为功能的倾向性质理论作辩护。他们是这样开始对功能进行分析的，他们指出，将一种功能归附到一个客体之上意味着同事件的未来结局、影响或状态相关。在他们的眼中看来，"胡桃钳在时刻 t 的功能，应该是在时刻 t' 打开坚果（核桃），此处 $t > t'$"（Bigelow，Pargetter，1987）。只要这一合适的条件在未来出现，胡桃钳就会通过一种特定类型的行为来展现它的功能。根据他们的观点，这一出发点

---

① 更详细的资料可见赖特（1973）的著作。设备的故障对大多数功能理论提出了真正的挑战，并且是论述功能的文献中一再出现的一个主题。这里涉及功能的规范性（normativity）的争论。

要求一种向前看的（forward-looking）功能理论，这同所谓的表现派的（representational）理论和原因论的（etiological）理论正好相反，它们是向后看的（backward-looking）（其中前者将功能同先前的描绘联系起来，后者则将功能同客体先前的历史联系起来）。为了用一种向前看的方式来构建功能，他们建议把功能视为倾向性质。他们认为功能是一种虚拟性的性质（subjunctive property）："它详细地说明在合适的环境中，将会发生什么或者很可能要发生什么，正如易碎性可以用在恰当的环境中会破裂或很可能会破裂这样的话来说明一样"。他们提出了一种功能的倾向性（propensity 或译作趋向）理论，他们认为这一趋向理论应该是真正的功能的趋向性理论的一个特例。他们的理论起初目标是放在解释生物的功能上，但他们声称这一理论也一样能用到人工制品（artefacts）的功能上。[①] 可是，同卡明斯一样，比奇洛和帕吉特也忽略了对倾向性性质这一概念（和趋向性概念）作进一步的分析。

最后，普雷斯顿（B. Preston）提出了一种功能的复合理论，在这一理论中，倾向性质（能力）概念起着一种至关重要的作用。[②] 他论证，必须区分两种不同的功能，他称之为系统功能（system functions）和专有功能（proper functions）。系统功能是建立在客体当前的能力/倾向的基础上的，它与客体当前环绕的系统相关，而不管这些客体是如何获得这些能力/意向的，就是说，不管它们是如何得到的。例如，一个轮胎可以履行一种秋千的功能，又如一个垃圾箱可以履行一种座椅的功能。这些客体是如何得到所要求的能力/倾向性质这一问题，对于履行这些（附带的）功能来说，是没有关系的；它们实际上具有这些能力/倾向性质就足够了。对于专有功能来说，情况就完全不同了。有关客体是如何得到所要求的能

---

① 他们得出从下关于生物功能的定义（p. 194）："当一种特征或结构具有一种能借助它本身所有的相关效应来进行选择这一种趋向时，这一特征或结构就有一定的功能。"

② Preston 提出不加选择地使用倾向性质和能力的概念，她常常使用"dispositions/capacities"这样的措辞。

力/倾向性质这一问题，对于专有功能来说却具有至关重要的意义。专有功能涉及这样的能力/倾向性质，这种能力/倾向性质是该客体在过去就已经具有的，而且一直到现在仍然对这种能力/倾向性质的继续存在起作用。因此，对于专有功能来说，该种功能选择的历史是有重要意义的。例如，在人体中心脏的专有功能应该是泵血，因为心脏这种能力/倾向性质的作用有助于维持人的继续生存。根据普雷斯顿的观点，这两种类型的功能之间存在一种根本的区别，即专有功能是规范化的（normative），然而系统功能却不是这样。

系统功能的概念是绝对无法评价的。事物或者具有或者没有某种能力/倾向性质；但是按照这种观点，声称事物具有它们应该有的特定的但是即使在看起来完全适合或正规的条件下也暂时或永远不可能运用的能力/倾向性质，是没有任何特殊意义的。因此，系统功能同专有功能之间的主要区别就是，后者是规范化的，而前者却不是这样（Preston，1998）。

对于专有功能，说功能失效是有意义的，这是在做规范陈述。其理由很简单："假如你能够说一个东西想要去做什么，那么你也能够说在什么时候它未能去做它想要去做的某种事情，即功能失效。"尽管倾向性质（能力）概念在普雷斯顿的方法中起着显著的作用，但是对这一概念本身的分析却明显不足。

为了对各种各样的视功能为倾向性质的意见作一种批判性的评论，有必要深入地考察倾向性质（disposition）这一概念。

3. 功能倾向性质术语与物理倾向性质术语

用倾向性质（disposition）这一术语来阐释功能的基本思想，也就是在像"客体 X 是一台复印机"那样的陈述中，将一种倾向性质归附到客体 X 之上，正如是在像"客体 X 是可溶于水的"或"客体 X 是易碎的"这样的陈述之中的情况一样。根据比奇洛和帕吉特的观点，在两种案例中，虚拟的性质被归附到 X 之上：它们陈述"在适当的条件下将要发生什么或者很可能发生什么"。但是乍看起来，这两种倾向性质归附的情况似乎是相当不同的。"复印机"

的概念指的是一种功能，但是"可溶于水"或"易碎"的概念根本没有功能的内涵：是可溶于水的或者是易碎的并不是 X 的功能。根据这一理由，我们将对功能倾向性质这一术语和物理倾向性质这一术语加以区分。前者所涉及的是把功能性质归到客体之上，而后者所涉及的则是把物理的（因此，是非功能上的）性质归附到客体之上。运用我们所熟知的卡尔纳普（Carnap）的对物理倾向性质术语的分析方法，现在我们将进一步去分析功能倾向性质这一术语的性质。

在卡尔纳普的"可检验性与意义"（Testability and Meaning）一文中，他看到要明确地用观察术语来定义物理倾向性质的术语（可溶解、易碎等）是不可能的（Carnap，1936）。可是他指出，这些术语可以用下列的方式还原为观察术语。让我们用 $O(x)$ 来代替"x 是可溶于水的"，$W(x, t)$ 代替"x 在时刻 t 被放在水中"，以及 $D(x, t)$ 代替"x 在时刻 t 溶于水中"。卡尔纳普假定 $W(x, t)$ 和 $D(x, t)$ 是观察术语。现在，这一倾向性质的术语 $O(x)$ 不能被定义为：

$$O(x) = W(x, t) \rightarrow D(x, t)$$

因为这一定义会导致一个麻烦的推论，即如何说明一个从未被放进水中的客体是可溶的。为了避开这一困难，卡尔纳普提出，借助于下述的两种被称为还原句子（reduction sentence）的帮助，将倾向性质术语归化为观察术语：

$$R_1: W(x, t) \rightarrow [\ \{D(x, t) \rightarrow O(x)]$$

$$R_2: W(x, t) \rightarrow [\neg D(x, t) \rightarrow \neg O(x)]$$

对于任何一个时刻 t 被放进水中的客体 x，这两个还原句子一起，依据在时刻 t 发生了什么来确定客体 x 是否是可溶的或是不可溶的。R_1 列出了将倾向性质归附到 x 上的充分条件，R_2 列出了否定客体 x

有性质 O 的充分条件。一个客体 x 只要在任一时刻 t 都没有被放进水中，就不能说 x 是可溶的或不可溶的。这样一来，就避开了明言定义（即这样一个客体按定义是可溶的）所引出的尴尬的推论。

值得注意的是，借助还原句子的帮助来确定倾向性质术语的含义会导出一个相当令人不满意的推论，即一个给定的糖块，当它从未被放入水中时，我们就无法说这一糖块是可溶于水或不能溶于水。这一问题或许可以通过求助于归纳来得到解决。其他糖块事实上已证明是可溶于水的，据此可以推断这一糖块也是可溶于水的。这意味着包含在"这一糖块是可溶于水的"这一陈述当中的知识基本上是一种推论类型的知识，它与包含在诸如"这一糖块是白的"这样的陈述当中的知识是不相同的。

现在我们将探究一下，卡尔纳普的对物理倾向性质术语的分析是否也可以应用到功能倾向性质术语的分析上。我们取功能倾向性质术语"复印机"作为一个例子。令 $C(x)$ 代表"x 是一部复印机"，$O(x, t)$ 代表"x 是按照指导书安装并且按照使用者手册进行操作的"，以及 $P(x, t)$ 代表"x 在时刻 t 生产了复印件"。在进行讨论之前，我们必须指出这里的第一个困难，除了有各种各样的（即建立在不同操作原理之上的）复印机之外，还有各种各样品牌的复印机，每一种品牌的复印机都有它自己的安装指导书和使用者手册。没有同一般的术语"复印机"相应的一般的安装指导书和使用者手册。然而 $O(x, t)$ 的定义似乎只涉及复印机的一般程序。事实上 $O(x, t)$ 的定义所要求的东西是，与所考察的客体 x 相适应的安装指导书和使用者手册是通常惯用的；换句话说，客体 x 与它自己所有的安装指导书和使用者手册是一起出现的。

功能倾向性质术语 $C(x)$ 的明言定义作如下的描画

$$C(x) = O(x, t) \rightarrow P(x, t)$$

同物理功能术语的情况相类似，这一定义也会引出令人尴尬的推论，即任何一个没有根据它的指导书进行安装或者没有根据它的使

用者手册进行操作的东西都可能是一部复印机。因此，让我们试一试借助于还原句子来分析 $C(x)$ 的含义

$$R_1': O(x, t) \rightarrow [P(x, t) \rightarrow C(x)]$$

$$R_2': O(x, t) \rightarrow [\neg P(x, t) \rightarrow \neg C(x)]$$

应该考虑的问题是，对 $C(x)$ 的含义的这种分析，是覆盖所有客体抑或是只覆盖那些我们准备称之为复印机的客体或系统 x 呢？根据各种理由，其结果是有疑问的。R_1' 企图列出某种东西是一部复印机的充分条件。它说："如果 x 在某一特定的时刻 t 按照规定的方式安装和使用，这时如果 x 生产了复印件，那么 x 就是一部复印机。"这真是一个充分条件吗？假定某一系统 y，它原是设计来实现功能 Y 的，功能 Y 没有任何一个方面同复印文献有关，可是这一系统 y 生产了一个作为副产品的原始文献的复印件。这时我们应该称这一系统 y 为复印机吗？几乎任何一个充分履行着它所规定的功能的官僚政治体系，都生产作为它活动副产品的文献复印件；但是称这一官僚政治体系本身为复印机（系统），看起来就会很奇怪。这正是众多讨论有关如何区分附带的和专有的功能效应的各种争论中的一个例子。这种争论不仅出现在与生物功能相关的领域，而且也出现在与技术功能相关的领域。心脏的功能应该是泵血，但是作为这一活动的副产品，它产生了声音。当我们构建一个类似于 $R1'$ 的东西来代表心脏搏动和泵血的情况，我们会得到如下的东西：

（1）假如一个心脏在搏动，这时如果这一心脏泵血，那么它的功能就应该是泵血。但是我们也能完全同样地构建一个类似于 R_1' 的东西来代表心脏搏动和发出声音的情况。

（2）假如一个心脏在搏动，这时如果这一心脏发出声音，那么它的功能就应该是发出声音。

很明显，R_1' 并不是功能归属的一个充分条件；它允许把许多

客体都称为复印机。任何一种合适的关于功能（生物功能和技术功能）的理论，都必须要能够把专有功能效应同附带功能效应区分开来。一个不能排除有可能导出心脏的功能是发出声音的结论的理论，无疑是不充分的。允许推导出一个官僚政治体系是一部复印机这一结论的这种理论同样也是不适当的。很明显，卡尔纳普对倾向性质术语的分析没有任何方法可以把（1）和（2）区分开来，即使我们将 R_2' 考虑进来也是如此。

比较 R_1 和 R_1' 使我们明白功能倾向性质术语和物理倾向性质术语之间的一个重要区别。R_1 说："如果 x 在时刻 t 被放入水中，这时如果 x 溶解了，那么 x 是可溶于水的。"这里将倾向性质术语可溶于水归附到 x 之上似乎没有什么错误。R_1 指明了这种归附的充分条件。对于 R_1' 来说情况却不是这样。要保证 x 是一部复印机这一结论成立，还缺少一些关键的信息，即关于所考虑的效应在相关的功能归附当中是附带的或者不是附带的这一方面的信息。

现在让我们转过考察 R_2'。同 R_2 相类似，它企图列出一个不能把某一功能倾向性质归附到某个客体上的充分条件。它说："如果 x 在某一特定的时刻按照规定的方式被安装和操作，这时如果 x 没有生产复印件，那么 x 就不是复印机。"但是正如 R_1' 不能成为 R_1 合适的替代物一样，R_2' 也不能代替 R_2。R_2' 并没有构建出充分条件。在复印机发生故障的情况下，例如由于纸张堵塞或开关失灵，仍然认为它是一部复印机。故障并不能使该客体丧失它的功能：它仍然是一部复印机，不过它是一部出了故障的复印机。以上表明了在功能倾向性质术语和物理倾向性质术语之间的又一个有重要意义的区别。R_2 指出了不能把倾向性质"可溶的"归附到一个客体上的充分条件。在这个案例中，用 x（例如一块糖）发生故障来为它不溶于水进行辩护是毫无意义的。其理由是，故障是一个标准化概念，它不能运用到物理倾向性质术语中去。

综上所述，我们可以断定，卡尔纳普对物理倾向性质术语的分析基本上不适合于对功能倾向性质术语的分析。在这两种类型的倾向性质之间存在着真正的、重大的区别。提出功能就是一种如同脆性和可溶性那一类的倾向性质一样的倾向性质（正如卡明斯以及比奇洛和帕吉特所说的那样），这是非常容易令人误解的[①]。假如用倾向性质这一术语来阐释功能要有任何价值的话，就要求有在某些方面根本不同于物理倾向性质的一种倾向性质的概念。迄今为止，提倡用倾向性质这一术语来阐释功能的人，一直没有提出一种相应的合适的倾向性质的概念。

结语：技术功能与规范性

由于规范性在区分功能倾向性质和物理倾向性质当中起着如此重要的作用，我们将用关于规范性和技术功能的两个简要的评论来结束本文。首先，应该注意到，把一种技术功能归附到一个客体上，同一个客体是否能很好地履行它的功能这个问题似乎是相关的。问题在于它是不是有可能巧妙地辨别以下的两种情况：

（1）这是一辆汽车，但这是一辆坏车，就是说，它不能很好地实现它所要的功能。

（2）这根本就不是一辆汽车，就是说，把汽车的功能归附到这个客体上是一个错误。

有可能用系统的和清晰的方式把没有某种功能同故障（功能不善）区分开来吗（Preston，1998）？一般地说，这似乎是相当成问题的；一辆功能良好的汽车，当它被一件一件地拆开时，在什么意义上可以说它就不是一辆汽车呢？似乎始终会有临界的状态，在这一临界状态下，这一客体究竟是发生故障，还是不再有这一特定的功能，就变成了一个武断地选择的问题。

其次，根据普雷斯顿的观点，规范性的问题只是涉及专有功能时才出现的，而不涉及系统功能。在她看来，具有专有功能的客体可以发生故障，但是具有系统功能的客体却不是这样，因为

---

① 参见 Cummins（1975，p. 758）以及 Bigelow 和 Pargetter（1978，p. 190）。

后者没有"与纯粹没有功能的情况不同的、所指的故障发生的机制"。专有功能或多或少在其中建立了它们良好运行的标准，这同诸如把轮胎当作秋千来用、把装橘子的柳条箱当作椅子来用等系统功能正好相反。在她看来，声称一个轮胎应该有合适的能力/倾向性质可以像一个秋千起作用等，是毫无意义的。但是，即使是对于系统功能来说，使用规范的陈述似乎也是适当的：说这个轮胎能很好地或不能很好地作为一个秋千来起作用，或者说这个装橘子的柳条箱作为椅子来用是不好的（就是说，因为它作为椅子来用是有危险的），这还是有意义的①。甚至说，如果某一客体偶然地实现了某一种功能，这一功能的履行情况也可以按照规范加以评价。功能，无论是专有功能或是系统功能，按本性来说似乎都是规范化的。

参考文献

［1］Bigelow, J. & R. Pargetter, *Functions*, *The Journal of Philosophy*, volume LXXXIV, No. 4, 1987, pp. 181 – 196.

［2］Boorse, C., *Wright on Functions*, *The Philosophical Review*, Vol LXXXV, 1, 1976, pp. 70 – 86.

［3］Carnap, R., "*Testability and meaning*", *Philosophy of Science*, 3, No. 4, 1936, pp. 419 – 471.

［4］Cummins, R., "*Functional Analysis*", *The Journal of Philosophy*, Vol LXXII, No. 20, 1975, pp. 741 – 765.

［5］Dipert, R. R., *Artifacts*, *Art works*, *and Agency*, Philadelphia: Temple University Press, 1993.

［6］Dym, C. L., *Engineering Design*, *A Synthesis of Views*, Cambridge University Press, 1994.

［7］Kroes, P. A., "Technical and Contextual Constraints in Design: An Essay on Determinants of Technological Change'", in. J. Perrin & D. Vinck, *The Role of Design in the*

---

① 此处出现的问题是以下的两个陈述："这个轮胎或好或坏地作为秋千在起作用"，和"这个轮胎是一个好的或坏的秋千"是否有相同的含义。我们将把这一问题放在一边。

Shaping of Technology, *COST A4*, Vol. 5, 1996.

［8］European Research Collaboration on the Social Shaping of Technology, pp. 43 – 76.

［9］Kroes, P A. 1998, "*Technological Explanations: the Relation Between Structure and Function of Technological Objects*", *In* Technè, Vol. 3, No. 3, Spring 1998（11 pp.）（Electronic Journal of the Society for Philosophy and Technology; http://scholar. lib. vt. edu/ejournals/SPT/v3n3/html/KROES. html）.

［10］Preston, B. 1998, "Why is a wing like a Spoon? A Pluralist Theory of Function", *The Journal of Philosophy*. Vol XCV, No. 5, pp. 215 – 254.

［11］Searle, J. R., *The Construction of Social Reality*, London: Penguin Books, 1995.

［12］Vincenti, W. G., *What Engineers Know and How They Know it*, Baltimore: John Hopkins University Press, 1990.

Wright, L., "Functions", *The Philosophical Review*, 1973, 82, pp. 139 – 168.

（彭纪南译自美国《技术》杂志 5 卷 3 期，2001 年春季刊）

四　康瓦克斯的技术形式理论

（一）综述和评论

我们在各章中都讲到科学与技术的区别，真理与行动的区别。科学知识是关于对象的知识，它是有真假值的，而技术知识是关于应该怎样做才能达到目的的知识，它是一个有效用、无效用的问题，只有有效值而无真假值。由前者是不能演绎地推出后者。因此，技术知识、技术解释、技术及其与科学关系的推理必定有一个不同于科学知识和科学推理的逻辑基础。关于这个问题邦格 1967 年就做过研究，但是无论在内容和形式上都很不完善。德国哲学家、德国勃兰登堡技术大学自然哲学教授和信息论专家康瓦克斯（K. Kornwachs）运用道义逻辑改进了邦格的体系提出了一套技术形式理论。他的理论的要点是：

（1）技术的理论核心，不是自然科学，也不是系统论，而是行动理论（action theory）与实践推理（pragmatic syllogism）。"它一方面必须运用自由意志，而另一方面又必须运用自然规律进行。"

（2）技术行为和技术规则的实践推理，可以用道义逻辑和责任算子来加以表达，从而发展出一套实践推理的形式系统。

（3）这个推理有一个重要结论：实践推理只有它的负的形式才是在逻辑上可以表达的。于是有关技术行动的性质必定有如下的假说："我们不能以直接的方式干事情，而只能预防我们所不希望的状态，使其不出现。""如果自然界是可以用诸如 A→B 这样的表达式来描述的，则我们不能直接运用这些知识而只能以预防过程出现的手段来运用这些知识。"只能通过预防和负面作用来控制世界。这个技术批判主义的结论，居然能从逻辑上导出，这是一件很令人吃惊的事。

由于这几点，我们认为很有必要将该论文译出供读者参考与研究。

(二) 选译：《技术的形式理论》，德国勃登堡科技大学，康瓦克斯著
1. 引论

关于知识与实践的相互关系问题，无论在西方的思想脉络中还是在东方思想传统中，都是一个非常古老和十分重要的哲学问题。所以，技术哲学的基本问题就是怎样去分析科学、技术和实践的相互关系。自从人类文化开端以来，人们就不断获得有关自然的知识，而我们的祖先就以神话、史诗、宇宙起源以及故事、民谣的形式讲述这些知识，后来又以手稿、哲学对话的形式讲述这些知识。而到了现代，又在经验、观察和理论的基础上，以正规的记载形式掌握自然的知识。进而我们运用数学形式主义作为工具来比较精确地描述我们的预言和解释。

但这还不是有关世界的有效的知识的全部。除了我们的社会的组织化的知识之外，有关怎样应用现成的事物，怎样生产有用的事物，以及为了得到我们所需的功能，为了具有用于不同目的的工具，怎样设计人工制品的知识，也都是我们所要体验和收集的。我们称这些知识为技术知识。

一个在讨论中有时会发生混淆的问题，就是我们称之为自然界知识的所有的东西，是不是在强的意义上（运用自然的物质概念）真实地指称自然界。有人说这些所谓知识并不是与实在相关，而只是运用语境、文化、社会以及其他"非科学"的有关东西来谈及（to talk about）自然。我能够讨论但不是在这里讨论索卡（Alan Sokal）的《社会文本的骗局》（1996）这本书。在任何情况下，有关自然科学实在论的不同形式问题，对于我来说，都是人为的问题。

另一个容易发生混乱的问题，就是我们的技术知识，是不是真正知识的问题。有些人说是，并且它甚至是决定了自然科学中表述知识的方式；而另一些人说，技术，因为它是应用科学，是某种退化了的自然科学而已，是一种低层次的知识而已（大概许多自然科学家是这样想的）。

将这些问题放在一边，这里我想运用邦格的有关自然知识与技术的关系的分析来描述有关知识与实践之间的内部结构，邦格的分析是运用逻辑语词来表达的（Bunge，1967，1972，1979，1983）。不过我在这里想要进一步稍稍推进邦格的分析，以便表明，技术知识有一个不同于科学知识的内部结构（尽管如此，我认识到，在实践中，当这两种知识相一致的时候，即在一定目的的影响下它们在安排经验，组织过程上是一致的时候，邦格关于不能从规律演绎解释推出实用陈述以及反之亦然的猜想仍然是有效的）。

现在当我用科学哲学所引发出来的观点来更深入地研究技术的理论核心时，我需要表明的是，这个理论核心不是罗布尔（Ropohl，1979，1998）所说的系统论（systems theory），而是比较特别的行动理论（action theory）[但我承认，系统理论，作为拉卡托斯（1974）意义上的非常丰富的现象学理论，是很有用的]。为了形成我的观点，我要表明，所谓实用推理乃是邦格的形式地分析了的实用陈述的一个推论。我进一步论证了这种推理是特殊的、自成一类的推理，它不能从演绎规律解释中推出，也不能从道义模态演算中推出。

这个发现的某些本体论的和伦理学的结论将会在下面几节加以讨论。

2. 基本问题

"形式主义是很好的仆人但却是一个很差的教师"（Heege，1984）。

有关自然知识和技术知识（或有关我们的技术能力的知识）之间的关系可以在形式的词项上，用比较这两种知识的逻辑和语义学结构的方法来加以研究。但关于自然界与技术自身，形式主义并不告诉我们任何东西。伽利略的教条（自然界的书是用数学的语言写出来的，这种语言的字母乃是三角形、圆形以及其他几何图像）到今天来说，只是当作教育上的隐喻而不是当作柏拉图的本体论。关于数学和形式工具很有用地运用于描述自然（以及技术）这个事实一直激发起与柏拉图思想乃至与开普勒关于基本规则性的几何物体的观点很不一致的回答。现代的答案由爱因斯坦（1921）或与他的态度完全不同的希德列克（Hedrich，1993）给出，这些回答与柏拉图主义相去甚远；不过至少他们都同意这样一种观点，形式主义并不告诉我们有关客体的任何东西。

有关自然界是什么，现代的思想是倾向于主张实用主义的诠释的。我们将系统想象成对实在的一部分描述，而实在本身可以概念化为假说的或自然的。现实世界的客观存在是被相信为是真的，但并不是由科学手段来证明（或证实）的。宁可说这个命题是表达了一种思考自然的可能性的条件。我们在感觉的资料的帮助下构造了我们的世界，而我们这个精神上的设计可以被直接的东西证明的，我们相信实在就在其中。系统论用形式的方法和概念目的在于描述我们在描述层次上能设计的东西。因此，说系统作为一种本体论上的存在或存在的本体意义都是没有意义的。的确，描述存在着，我们可以与一个社团共享这种描述，也可以在任何人面前将它表述出来。但这些描述不像古董或人造物一样有本体论的状态。

如果一个系统是实在或过程的一部分的描述，则我们总想去控制、观察或操纵它，系统是某种已经制造出来的东西，而不是已发现了的东西。一个系统从来不是被发现的，但它是可以被发明或被设计出来的。每个系统有它的作者，而这个作者追求的目的就是诸如描述、观察、控制、改变，或主宰他们心目中的实在世界的一部分。因为形式的知识不是关于世界的知识的代用品，形式的研究只是为了这个目的服务的仆人。形式化意味着在一个被选择了的范畴中，如在逻辑、文法或数学中，将描述（在描述中作出更基本的表述）的元素加以分类。形式描述的力量就在于它是一种潜能，演绎出进一步的形式陈述，使之成为形式描述的结论集。结论陈述形式集的诠释，作为有关世界的陈述，只有当其原始陈述已经在某种语义的或实用的结论中做了诠释时才有可能。换言之，如果形式工具已经体现在某种意义与行动的语境中，那么我们也只处理系统而已。

现在的基本问题是要去分析实现在现实世界中目的定向过程的可能性的条件，即在自然界（实在）中，怎样借助能用于达到目标的人造物和客体来进行行动，即怎样技术地行动。罗布尔（1979，1998）曾建议我们将工具（手段）、目标、受影响的环境（从属于我们目标的客体、过程）以及在广泛意义上作为系统的产生与运用目标的过程加以概念化。这些概念允许我们对于技术哲学的基本问题，即按照罗布尔所说的知识（包括目标、操作规则等）与实践的关系问题，做出第一个回答，即可以将它表述为系统之间的相互关系问题来加以回答。系统理论的宝库，在以精确的方式来加以运用的限度内，即如维纳（1968）、贝塔朗菲（1973）、克里尔（1985）、罗布尔（1979）等人所进行的那种精确方式的运用的限度内，使我们能够理解技术现象的广泛的类似及技术与其组织的和社会的组合的相互作用。但如果系统理论的基本词项比较含混，就会将这种理解转向到高度思辨的理论社会学的隐喻或释意中去（正如 Luhmann 在 1984 年所干的那样），接着发生的混淆使工程师和技术家对严肃的系统理论采取拒斥的态度。这在其他地方我已进行了适当的批判。

但是系统理论仍然不能完全回答基本的问题。复杂性的概念一直帮助我们理解一定过程的反常的行为，即那些对初始条件和边界条件的变化非常敏感的过程的行为。这就提供了一个概念，即某些过程到底具有怎样的敏感性。在这个过程中，我们可以通过简单地修改相关的初始条件和边界条件来控制它们。这当然是一个比较方便的过程。但复杂性的概念并不告诉我们任何有关工具媒介作用的可能性条件；它给予我们的只是几个极限的词。复杂性告诉我们不能干什么而不是去干什么。突现的概念也是比较含混的。系统边界的扩展，进一步体现于超系统及其变量中，这会导向原始不能解释的东西的一种解释（Roth Rchwegler, 1981）。

在罗布尔的研究中，目的系统是一种很好的描述手段，不过它对于技术语境下的组织化的和社会的组合中的目的与目标如何产生这个问题不能讲出任何东西。例如，它不能告诉我们，额外的补充工程会导致新的欲望、想望和需要，而其结果是完成一种新的设计。

罗布尔研究的工具系统是描述机器的很好的手段，并且是状态空间概念化的猜想与设计的广泛的类；但这里对于人类能做什么，自然界能做什么与现实世界中不能做什么之间有什么联系没有提及。系统理论可以预言终极的机器，但一部有所有可能的智力功能的机器（这类功能化由 Diirrenmatt 或 Lem 给出）是不能够写出来的，因为系统理论是描述性的而不是解释性的，只要了解到这一点就会知道，罗布尔的研究是有用的，但不能替代技术的理论核心。

3. 科学、技术与实践

纯科学、技术与实践之间的关系，也是紧密地依赖于技术自身的诠释。这些诠释是解释过程的结果，有关的词项是在一定的概念框架下进行选择的，这个概念框架自身覆盖了特定的作为自然的自然的诠释。对于一个哲学家来说，这个事实并不怎样太过令人惊讶，因为为了安排我们的概念工具，我们不能不去选择这样的概念框架（Langenegger，1990）。

我将会提及技术哲学中的四种处理方法（approach），这四者都宣布自己"解释"了技术，即理解了我们为什么以及怎样能够建立和运用人工事物。

（1）隐喻的处理方法：技术作为……

当解释技术时，这种处理方式可以说是运用隐喻来解释技术。技术作为我们人体及其器官的（在广义上的）功能性的投影（projection）（Kapp，1877）。这种解释是这样一种假说。它与人类在现实世界中的能力的外化（exteriorization）紧密相连。当这样做时，被外化功能被假定为能被延长、被加强、被多倍化以及优化（Rapp，1974、1978）。所有这些都是通过运用工具而完成的，技术作为工具，中介地掌握世界，使其补人类这种模式之不足（Gehlen，1957）。德韶尔（Dessauer）（1956）以及其他一些学者曾提出技术是人们创造活动的继续，从这个技术观出发，技术有时概念化为与人类意志同扩展、共存亡，或者说，它就是人类学的一个常量。

（2）结果定向的处理方式：技术具有……

技术具有或多或少可以适当地评价的结果与效果，所有这些效果可以分类为想望的与非想望的，可预期的和不可预期的等。结果定向的研究方式有时所达到的结果是十分遥远的，例如，有人主张，运用基因和群众的交往技术，技术可以具有改变人性的潜力（Friedrich，1997）。如果假定技术可以改变自然、组织、社会、政治或交往行为，这样对于技术必须严肃认真地对待。但这里没有技术解释的存在。只被技术的结果和在已有技术世界中技术产生的性质所描述和"解释"。

（3）规范的研究方式：技术必须……

开列出一些要求是容易的：技术必须按照我们人类和社会的需

要来加以设计；技术必须提供负责任的行动之条件；技术必须服务于福利、经济增长；或者技术必须反映真正的需要和真正的愿望。至少，这种研究方式试图使技术以规范的方式来适应人们的意志。如果人们因为技术陈述具有（在一定条件下的）规范的内核，而将技术看作是规范什么东西，则技术知识就不是纯粹描述性的，下面我们将会回到这个问题上来。

（4）自然主义的研究方式：技术是……

技术"是来自思想领域的具体存在"（Dessaue, 1977），这个唯心主义的技术观试图回答本体论问题，思考人工事物的本体论状态。如果人们认为，技术只是自然科学的某种退化，则它仅仅是自然科学知识的一种运用。在这个定义的语境下，克雷默提出，技术就是从因果关系到目的—手段关系的一种转换（Kramer, 1982）。进而，他们提出，技术是技术生产者的利益与运用工具系统的顾客之间的媒介（Ropohl, 1979、1998）。

这四种主要的研究方式对于如何规定或定义科学、应用科学、技术科学或工程科学以及工程自身之间的关系从而如何定义或规定科学、技术与实践的关系，有着不同的结论。

粗糙地说，人们可以将隐喻的、结果定向的、规范研究方式归入与自然科学知识有较弱的联系的那一类，而自然主义研究方式则与自然科学知识的联系较强。

邦格（1967）借助于真理（truth）、功效（effectiveness）与效率（efficiency）之间的关系，刻画了科学、技术，与实践知识之间的关系。如果实践还没有有效的力量，即如果技术经常成功地运用技术知识，而功效尚未建立在与科学知识相关的真理的基础上，则技术与科学至少在认识论上是独立的。在日常的工程思考中，其成功证实了技术知识。在研究与开发的部门中，很少有人有兴趣去质疑那个技术知识基础。尽管如此，邦格否认在科学知识与技术知识之间有逻辑的联系（保持结论与导出的形式关系）。

技术的自然主义观点（Zoglauer, 1996）假定技术的理论核心由自然科学的规律陈述来表示，而规范观点更多地倾向于假定这个理论核心不能仅仅是描述的（这是所有系统理论所做出的），它必须包含有关目的、价值、目标、意志和愿望的陈述。隐喻的和结果定向的观点是描述的，不过它假定这在认识论上是可能的，或至少是部分地、历史地是独立发展的。

4. 什么是技术的理论核心

在科学哲学的语境中，人们可以从外围区分出理论的核心（如物理中的希尔伯特空间的数学理论及其物理理论、量子力学）。外围的理论由现象学理论（如散射理论）、模型（如玻尔的氢原子模型）以及实验装置和测量仪器等所组成（Lakatos 1974；Kuhn 1970）。

众所周知，现象论的理论不能从理论核心中直接导出，但不修改理论核心本身却可以扩展现象论的理论。在一个给定的技术的操作理论中（如怎样设计一个停车场），系统理论起到现象理论的作用（一种模拟，或用选择的结构来解释被模拟的行为）。如果系统理论知识被诠释成对实在世界的一个部分的描述，则自然科学起到现象论的或外围的理论（如对于想要的性质，找出一个适当的工作物质）。理由是，在给定技术的实质理论（substantial theory）中，干事情的实用层次不能被描述而只能用规律来陈述；边界条件进一步成为必要条件。因此，自然科学并不是技术知识的核心，怎样做事才是技术知识的核心。这种知识没有自然科学知识也是可以传播的，而相关的技术只要有这些知识就可以工作了（Kornwachs，1995a，1995b，1996）。

继续进行这种分析，技术的实际核心必须包括目标、目的和愿望，即必须包含规范的表达。人们可以以隐喻的方式来表达它：技术必须处理人力及人的制度问题。如果这个猜测是对的话，技术必须看作是某种东西，它一方面必须运用自由意志来进行，而另一方面又必须运用自然规律来进行。

这似乎是很平凡之见，但在这里，它却是科学哲学要了解的问题的本质所在。这一问题是：自然科学与技术的不同只能是基于社会学论题呢，还是基于技术与科学知识的内部结构的方法论的和形式的问题呢？

从技术的哲学诠释的预先选择开始，在这里技术被看作是运用它的行为规则，不是对抗自然而是在自然之内进行的一种工作（劳动），这种行为规则可以用非常正规的自然规律的概念来表述。在自然界和社会中（在组织的系统内），通过将目的应用于有关规则性的知识中，技术就会将因果关系转换成目的—手段关系。技术开发的结果可以看成是人类功能的外化，或者看作我们的器官在自然界中的投影，或者看作是由假体、机械和目的物组成的混合物（Erlach，1998）。而技术行动自身的实践结构，按邦格的实用陈述，可以形式地加以描述。但明显地，自然主义的观点与邦格的分析是不可协调的。我在下面将试图表明实用推理具有规范的结构，而我们不可能用直接的方式来"控制"自然。

5. 实用推理是一种特殊的推理

邦格的实用陈述表述如下：

令 A→B 为演释规律解释，如：

$$\{ \forall (x)[P(x) \rightarrow Q(x)] \wedge \exists aP(a)\} \rightarrow [Q(a)]$$

令经由 A 达 B 为一规则（rule），使得：如 A→B 为真，以及 A 是一种行动（操作影响等），而 B 为所需要的结果（或¬ B），而如 A 可以实现或可以加以防止，则尝试经由 A 得 B 或经由¬ A 得¬ B。

这里陈述 A 与 B，与对应的行动 A 或由 A 的实行而得到现实状态 B 这二者是不同的。等一会儿我们还要回到这个问题上来。

大家知道，蕴涵的真值是（1，0，1，1）。邦格指出，一个规则（rule）并非真值的主体，而是功效（effectiveness）的主体。按邦格的看法，规则的功效值为（有效，无效，?，?），这里问号来自这样的事实：如果一个人不能够或不准备将条件 A 付诸实践，就不可能去检验（test）规则的有效性。无论这个结论是否与蕴涵悖论

（paradox of implication）一同扩展，"ex falso quodlibet sequitur"伴随而来的任何地方的错误一直是争论的主体（Zoglauer 1996）。如果人们不同意规则功效性与蕴涵悖论共进退，则规则的功效性不能由相关的蕴涵的真值加以推出，相反也是一样。1967年邦格的这个发现，一旦讨论到技术与工程的主题时，就始终引起人们的恼怒。因为，它的一个推论是：以演绎—规律解释（D－N explanation）为结构的知识，不能以演绎的方式用作技术规则的基础。唯一的做法就是陈述实用的规则。很经常的情况是，我们的知识只限于了解技术的规则，而不可能知道其中所有的自然科学的详细情况，尽管我们在技术上（以规则为基础的行动）处理问题会得到很好的结果。

现在我们来分析规律、规则与行动的状态。

$A \rightarrow B$ 是一个描述陈述，表达一个规律。而按照邦格的看法，$(A \rightarrow B)$ 的实用诠释（the pragmatic interpretation），译者注：本文将 interpretation 译成诠释，只将 explanation 译成解释）可写为：

$$\text{Prag. Int. } (A \rightarrow B) = A \text{ produces } B.$$

这仍然是描述陈述。其规则是：

如果 B 是我们所想要达到的，而 A 产生 B，则试验经由 A 达到 B 或经由 $\neg A$ 达到 $\neg B$。这是一个规范语句，因为它包含这样的表达式，这些表达式包含着目的或责任，如"it is must"，"it is forbidden"。人们可以在"产生"一词的意义上来使用规律似的实用诠释式，或用它来表达这样的意义，如"引起它""操作于它""改变它""一种影响使其出现 B"，以此来表达实用陈述。这种用于行动的规则，我们称作"实用推理"（pragmatic syllogism）。

下面，我们讨论实用推理稍稍不同于所谓赖特（Wright 1991）的实用推理。第一，因为它是邦格的技术规则的实用诠释的结果（Bunge，1967b），第二，它是道义逻辑表达式。实用推理的通常形式是：

如果 B 是一个目的，而只有 A 实现了，B 才能达到，则 A 必须被实现。这可以写为

$$[O \ (B) \ \wedge \ (A{\rightarrow}B)] \rightarrow O \ (A)$$

如果一个实用推理被运用了，则人们可以说：搞技术或技术地行动的主体就有了愿望（desire）、意志（will）以及想望（wish）；而他就是一个追求目的的人或主体。

下面，我们说明实用推理是一种特殊的推理。我们以下列的方式将其形式化：这里存在着某种有规律的规则性（regularity）可以用蕴涵式（$A{\rightarrow}B$）来表达。对于用 B 表达"被想望的"（作为目的或必需的）陈述模态，必须引进算子 $O_1 B$。而结果所要求的东西（为了得到结果，由 A 描述的状态必须付诸实践，即命令模态）可以由另一算子 $O_2 \ (A)$ 来表示。则实用推理可写为：

$$[\ (A{\rightarrow}B) \ \wedge O_1 \ (B)] \rightarrow O_2 \ (A)$$

此处必须注意，由命题变量 A 简缩表示的谓词表达式与作为世界现实存在状态（或过程，或行动而不是描述）的自然主义诠释表达式 A 之间是不同的。这个不同指示着实用推理中的不同形式的表达式。

算子 $O_1 \ (B)$ 与 $O_2 \ (A)$ 可以用不同方式加以诠释。

$O_1 \ (B)$：状态 B，由"B 是目的系统中的一个元素（$B \in Z$）"这个陈述来描述。这种诠释仍停留在描述的层次上。

$O_1 \ (B)$：状态 B，由"B 必须付诸实现（必须建立）"这个陈述来描述。这是包括责任在内的规范表达式，可注释为技术上必须或道德上必须（即 $<B>$！）。

$O_2 \ (A)$：行动 A，用"A 是目的系统中的一个元素（即 $A \in Z$）"的陈述来描述。这种诠释停留在描述层次上。

$O_2 \ (A)$：行动 A，表明要将某种事情付诸实践，这使得它可用陈述 A 来描述，A 是在条件 $O_1 \ (B)$ 之下必须做的。$O_2 \ (A)$ 在有

责任写成 O_1（B）的条件下必须做的，它就是技术的或道德的应该（ought）。

道德的应该预设了选择的可能性。考虑到算子 O 是技术的应该，实践推理一直被诠释为纯粹描述性的（Zoglauer，1997；Wright，1994）。看来这个诠释是不适当的了。

不同诠释的可能性，导致实用推理的一定的组合，附表 1 表明只有少数几种可能的诠释能够成立。

附表 1　　　　　　　　　**责任算子的可能的诠释**

		O_1 的可能的诠释	
		描述的 $B \in Z$	规范的 $<B>$！
O_2 的可能的诠释	描述的 $A \in Z$	第（1）种情况	自然主义的谬误
	在一定条件下规范的 O_2（A）// O_1（B）	自然主义的谬误	进一步研究的情况（4）
	技术必须	自然主义谬误	情况（2）$O_1 \nless O_2$
	道德必须	自然主义谬误	情况（3）$O_1 = O_2$

"自然主义谬误"的表述指的是分析哲学的一个标准论题，无法从纯描述性陈述（只包括描述词的陈述）中推出规范性的陈述（至少包含一个规范表述），反之亦然。所有导致自然主义谬误的候选者都不能当作适当的诠释来对待。这样，我们必须讨论附表 1 中残留下来的情况（1）、（2）、（3）、（4）。

在情况（1）中，实用推理是纯粹的描述陈述：

表达式　　　（$A \rightarrow B$）　　　$\wedge O_1$（B）　　　$\rightarrow$　　　O_2（A）

⋯⋯⋯⋯⋯⋯⋯⋯⋯⋯⋯⋯⋯⋯⋯⋯⋯⋯⋯⋯⋯⋯⋯⋯⋯⋯⋯⋯⋯

包含 a 的　　规律表达式　　像 $B \in Z$ 那　　像 $A \in Z$ 那
表达式　　　　　　　　　　样的谓词　　　样的谓词

由于 B 至少包含像 $B =$ 谓词 P（其个体常项 a），写成 P（a）（这里 a 是个体常项，不是变项），谓词 O_1（B）至少要用二阶表达式 O_1（B）$= O_1$（Pa）来描述。

这里我们面临运用高阶谓词来运算，即面临不完备的和不可决定性的问题。为了避免这个麻烦，我们必须放弃对实用推理作纯描述性陈述这种诠释。从哲学的观点看，那是一种朴素的诠释，因为技术上的应该是不能够还原为描述陈述的。另一方面，技术上的应该也不能等同于道德上的应该，因为道德上的责任包含责任→许可的承诺。而技术上的应该并不自动地包含技术上的许可（借用技术上可能性这个词）。例如，为了"修理"太阳，防止它燃烧掉，人们要实行一种"星球技术"（按 Stanislav Lem 的说法），但没有人能够在实践上应用这种技术。所以技术上 O（obligation）不蕴涵 P（permission）。

在情况（2）中，我们承认了陈述是规范的陈述，不过其条件是两个算子不相等（$O_1 \neq O_2$）。在道义诠释中，它表明表达式 $[(A \rightarrow B) \wedge O_1(B)] \rightarrow O_2(A)$ 是错误的，至少对于下列情况是错误的，即对于 $O_1 \neq O_2$ 来说，真值 $[(A \rightarrow B) \wedge O_1(B)] \rightarrow O_2(A)$ 是错的，这是因为，在道义逻辑中如果 O_1 与 O_2 之间没有进一步的关系的发现，对于（$O_1 \neq O_2$），实用推理并非真陈述（定理），这个可能的关系必须进一步详细研究（在这里我们不再讨论这个问题）。

在情况（3）中，我们诠释的陈述是：

$$[(A \rightarrow B) \wedge O_1(B)] \rightarrow O_2(A) = [(A \rightarrow B) \wedge O(B)] \rightarrow O(A)$$

作为道义逻辑的陈述，用了共同的责任算子 O。但按这个形式来说，这个表述是不能从标准的道义逻辑系统 △ 中推出的（Kutschera，1973；Zoglarer，1997）。如果人们（实用主义地）预设了替代式 $O_2(A) = O(A)$ 和 $O_1(B) = O(B)$ 是可能的，则只有下列的几种形式可被推出：

$$[(A \rightarrow \neg B) \wedge O(B)] \Rightarrow O(\neg A)$$

如果 B 是想要的，而 A 是 $\neg B$ 的预设条件，则不要去干 A。

$$[（\neg A \rightarrow \neg B）\wedge O（B）] \Rightarrow O（A）$$

如果 B 是想要的，而 $\neg A$ 是 $\neg B$ 的前提条件，则你必须干 A。

$$[（A \rightarrow B）\wedge O（B）] \Rightarrow O（\neg A）$$

如果 B 必须预防（其出现）而 A 是 B 的前提条件，则要防止 A 的出现。

在邦格的实用陈述的运用可以表达为道义逻辑定理（即技术控制的知识基础，可以用理性的方式来加以实现）的前提下，实用推理只有它的负的形式才是在逻辑上可以表达的。这负的形式就是：

（1）你想要的状态，其预定条件本来是防止其出现的，就不要将先行条件付诸实践。

（2）你想要的状态，其预定条件都是负的，才能防止其出现，就要将先行条件付诸实践。

（3）你所不想要的状态，其预定条件是满足了它的，就不要将先行条件付诸实践。

因此，有两种表达式，即正的表达式和负的表达式。正的表达式是，如 B 是所想要的，而 A 产生 B，则尝试经由 A 达到 B。负的表达式是，如 B 是所不想要的，以及 A 产生 B，则尝试经由 $\neg A$ 达到 $\neg B$。这二者是不等价的。看来只有负的表达式才能成立。

6. 结论

对于运用因果知识（用演绎—表达为实用诠释形式的演绎—规律解释）做基本陈述的实用推理的形式研究导出了令人惊讶的结论，只有实用推理的负的表达式在包括了规范的或非描述陈述的逻辑上能够成为真命题。

二者必居其中：或者被迫接受自然主义的谬误（而在这里是必须排除的），或者被迫导出有关技术行动的性质的如下的假说：

假说1：我们不能以直接的方式干事情（例如我们不能即时地运用或影响人造物或事物），而只能预防我们所不希望的状态，使其不出现。

假说2：如果自然界是可以用诸如 $A \rightarrow B$ 这样的表达式来描述的，则我们不能直接运用这些知识而只能用预止过程出现的手段来运用这些知识。这就是控制的本质特征，它就是或多或少地不完全地预防那些我们所不想要的东西。

这就会给出技术导引过程的状态的某种暗示。"技术并不是要自然做你的奴隶，而只是运用自然领域的能力（power）"（Von Weizsäcker, 1971, 1977）。

因此，我们能够论证技术是某些系统的运用，这些系统是现实世界的一部分，可以将它描述成为系统、人工系统和知识系统，而这种运用只是预防那些我们所不希望的性质、状态或过程的出现。由于我们所不希望的东西的目的集比我们所希望的东西的目的集大得多，所以，所有的我们的技术行为都必然地是不完全的和有风险的，这些风险将我们逼向一个角落，在那里我们所不想要的东西出现了。

这里我们可以进一步得出两个结论。从伦理的观点来看，技术框架下的责任意味着什么呢？它意味着，我们必须干一切的事情，来预防我们能够预防的那些无责任的状态与过程的出现。因为我们的技术行为由于我们想要的东西和不想要的东西的不对称性，总是必然不完善的，我们必须控制和管理大多数这样的状态、过程与性质，它们可能由于一定的技术而与某种价值与责任目的相一致。换言之，我们只能够尝试着为了潜在地包含于人们以及（可能还有）制度中的有责任的行动而去维持一定的条件。这个为了负责任的行动而维持一定条件的原则，大概是比其他的命令更为普遍的命令。

第二个结论是一个本体论结论。让我们首先总结某些预设：①技术就是实现在一定的目的、目标制约下的自然世界的过程的可能性。②我们只能通过预防和负面作用来控制世界，而不是通过要将想望的状态直接付诸实践（这种方式）来控制世界。如果这些预设成立，则在我们观察到的世界中，有某种现实的状态（事实）存在，这就是另一种本体论状态，即预防性状态。所以，人工的事实是某种机器，它的运动形式不依赖于它的几何形式（Kant，1785）；但这种几何形式（在世界及人工事物中存在几何形式乃是一个事实）能帮助我们预防我们所不想要的运动的出现。因此，机器可以看作是自然过程的过滤器和筛选器，而不是人工过程的发生器。因此，技术不是自然界的扩展，而是自然界的限制。

参考文献

［1］Bertalanffy, L., *General Systems Theory*. Harmondsworth, U. K.：Penguin, 1973.

［2］Brink, D., "Moral Conflict and Its Structure. " *Philosophical Review*, 103：215 -247, 1994.

［3］Bunge, M., *Scientific Research I*：*The Search for System*. New York, Heidelberg, Berlin：Springer, 1967a.

［4］Bunge, M., *Scientific Research II*：*The Search for Truth*. Berlin, Heidelberg, New York：Springer, 1967b.

［5］Bunge, M., "Toward a Philosophy of Technology. " In Mitcham and Mackey (below). pp. 62 -77, 1972.

［6］Bunge, M., "The Five Buds of Technophilosophy. " *Technology and Society*, 1：67 -74, 1979.

［7］Bunge, M., *Epistemologie*：*Aktuelle Fragen der Wissenschaftsth-eorie*. Mannheim：BI, 1983.

［8］Dessauer, F., *Philosophie der Technik*：*Das Problem der Realisierung*. Bonn, 1927.

［9］Dessauer, F., *Der Streit um die Technik*. Frankfurt, 1956.

［10］Einstein, A. 1921. "Geometrie und Erfahrung：Erweiterte Fassung des Festvortrags an der Preußischen Akademie der Wissenschaften. " Berlin. 1921. Reprinted in C. Seelig, ed., *Albert Einstein*：*Mein Weltbild*. Frankfurt：Ullstein. 119 -127.

［11］Erlach, K., *Die Technologische Konstruktion der Wirklichkeit. Dissertation Abstract*. Stuttgart, 1997.

［12］Freundlich, R., "Zur Begründung einer formalen Normenlogik. " In：Krawietz W, Schelsky H et al. *Theorie der Normen*. Berlin：Duncker und Humboldt, 1984.

［13］Friedrich, V., *Anthropologische Aspekte der Medien*. Ph. D. disser-tation. University of Stuttgart Press, 1997.

[14] Gehlen, A. , *Die Seele im technischen Weltalter: Sozialpsychologische Probleme in der Industriellen Gesellschaft.* Hamburg, 1957.

[15] Gowans, C. , *Moral Dilemmas.* New York: Oxford University Press, 1987.

[16] Hedrich, R. , "Über den Nicht Ganz Erstaunlichen Erfolg der Mathematik in der Wirklichkeit. " *Philosophia Naturalis*, 30, pp. 106 – 125, 1993.

[17] Heege, R. , "Äquilibration und Lernprozess. " In: *Kornwachs K. Offenheit – Zeitlichkeit – Komplexitt: Zur Theorie der Offenen Systeme.* New York and Frankfurt: Campus, 1984, pp. 202 – 250.

[18] Jonas, H. , *Das Prinzip Verantwortung.* Frankfurt: Suhrkamp, 1979.

[19] Kant, I. , *Anfangsgr nde der Naturwissenschaften.* Königsberg, 1785.

[20] Kapp, E. , *Grundlinien Einer Philosophie der Tecnik.* Reprint, 1978, Düsseldorf: Stern Verlag, 1877.

[21] Klir, G. , *Architecture of Systems Problem Solving.* New York: Plenum, 1985.

[22] Kornwachs, K. , "Theorie der Technik?" Forum der Forschung: *Wissenschafts-magazin der Brandenburgischen Technischen Universität Cottbus*, 1, pp. 11 – 22, 1995a.

[23] Kornwachs K. , "Zum Status von Systemtheorien in der Technikforschung. " In: Böhm H. , GebauerH. , and Irrgang B. "Nachhaltigkeit als Leitbild der Technikgestaltung. " Forum für Interdisziplinäre Forschung, 2, pp. 43 – 68, 1995b.

[24] Kornwachs, K. , "Vom Naturgesetz zur Technologischen Regel: Ein Beitrag zu Einer Theorie der Technik. " In Banse G. FriedrichK. Technik wischen Erkenntnis und Gestaltung: Philosophische Sichten auf Technikwissenschaften und technisches Handeln. Berlin: Edition Sigma, pp. 13 – 50, 1996.

[25] Kramer, S. , *Technik, Gesellschaft und Natur: Versuch über ihren Ausammenhang.* Frankfurt and New York: Campus, 1982.

[26] Kuhn, T. , *The Structure of Scientific Revolutions.* Chicago: University of Chicago Press, 1970.

[27] Kutschera, F. , *Einführung in die Logik der Normen*, Werte und Entscheidungen. Freiburg and Munich: Alber, 1973.

[28] Langenegger D. , *Gesamtdeutungen moderner Technik.* Würzburg: Königshausen und Neumann, 1990.

[29] Lakatos, I. , "Die Geschichte der Wissenschaft und ihre rationale Konstruktion. " In, 1974.

[30] Luhmann, N. , *Soziale Systeme.* Frankfurt: Suhrkamp, 1984.

[31] Mitcham, C., Mackey R., *Philosophy and Technology: Readings in the Philosophical Problems of Technology*. New York: Free Press, 1972.

[32] Rapp, F., *Contributions to a Philosophy of Technology*. Dordrecht and Boston: Reidel, 1974.

[33] Rapp, F., *Analytische Technikphilosophie*. Freiburg: Alber, 1978.

[34] Ropohl, G., *Eine Theorie der Technik*. Munich: Hanser, 1979.

[35] Ropohl, G., *Philosophy of Socio – Technical Systems*, 1998.

[36] Roth, Schwegler H., *Selforganizing Systems*. Frankfurt and New York: Campus, 1981.

[37] Tetens, H., "Was ist ein Naturgesetz?" *Allgemeine Zeitschrift für Wissenschaftstheorie*, 13, pp. 70 – 83, 1982.

[38] Weizsäcker, C., *Die Einheit der Natur*. Munich: Hanser, 1971.

[39] Weizsäcker, C., *Der Garten des Menschlichen: Beiträge zur geschichtlichen Anthropologie*. Munich: Hanser, 1977.

[40] Wiener, N., *Kybernetik: Regelung und Nachrichtenübertra-gung in Lebewesen und Maschine*. Reinbeck: Rowohlt, 1968.

[41] Wright, G. Normen, Werte, *Handlungen*. Frankfurt: Suhrkamp, 1994.

[42] Zoglauer, T., "Über das Verhältnis von Reiner und Angewandter Forschung." In Banse G. Friedrich K., *Technik Zwischen Erkenntnis und Gestaltung*. Berlin: Edition Sigma. 77 – 104, 1996.

[43] Zoglauer, T., *Normenkonflikte. Habilitation Thesis*. Brandenburg Technical University, Cottbus; Faculty One for Mathematics, Natural Science, and Information Studies, 1997.

（张华夏译自美国《哲学与技术》杂志，1998 年秋季刊）